JN127359

「職人醤油」代表
高橋万太郎

CONTENTS

目次

醤油加工品　231

コラム

おわりに　268

カバー写真：岡直三郎商店
本体表紙絵：「広益国産考」5醤油造り（国立国会図書館デジタルコレクション）

はじめに

目は口ほどにものを言う――といいますが、醤油の造り手と接していると、つい「この人はこんな醤油を造りそうだな」と想像しながら話してしまいます。面白いもので、そのとおりの味わいであることが多いのです。謙虚な人が造る醤油は控えめながら料理の味わいをぐっと引き立て、新しいことにどんどんチャレンジする人の醤油は自己主張がしっかり、という具合に。

私は現在、醤油のセレクトショップ「職人醤油」を営み、日本各地の90種類以上の醤油を小瓶で販売していますが、もともとは精密機器メーカーの営業マンでした。転機は平成19（２００７）年。かねて関心があった伝統産業や地域産業にかかわりたいと、１８０度転換して蔵元仕込みの醤油の世界に飛び込んだのです。

営業マン時代の習性で、まずは現場へ行こうと思ったものの、どこに行ったらいいのか検討もつきません。それならアポなしで訪問しようと心に決めて全国の蔵をめぐるうちに気づいたのは、電話でやり取りするよりも、思いきって現地に足を運ぶほうが蔵や職人の素顔に触れることができ、その土地の醤油事情なども具体的に教えていただけること。

本書は、私がこの十数年間に全国の400蔵以上を訪ね歩き、ほれ込んだ45蔵を紹介する醤油蔵探訪記です。どの蔵も、醤油造りに対する哲学や思想を持った職人たちが一体となり、味わい豊かな醤油を生み出しています。

醤油には地域性があって、多様性に富んでいます。そして、その背景にいる造り手はもっと個性豊か。蔵めぐりを始めた当初は1560ほどあった醤油蔵のうち、約10年で約300蔵がのれんをおろしましたが、それでもまだ全国には約1200余の醤油蔵があります(平成28年現在、しょうゆ情報センターの統計資料より)。私の訪問記を読むことで少しだけ職人たちの素顔に触れていただき、今までとは違う醤油を使うきっかけに、そして、醤油そのものを存分に楽しんでもらえたら幸いです。

本書で紹介している醤油蔵

●蔵名（所在地）掲載ページ

※株式会社など「会社の種類」は割愛しています。

※本書では濃口、淡口、再仕込、溜、白、甘口、加工品に分類して各蔵の醤油を紹介していますが、それぞれの蔵はそれ以外にも多彩な醤油を造っています。

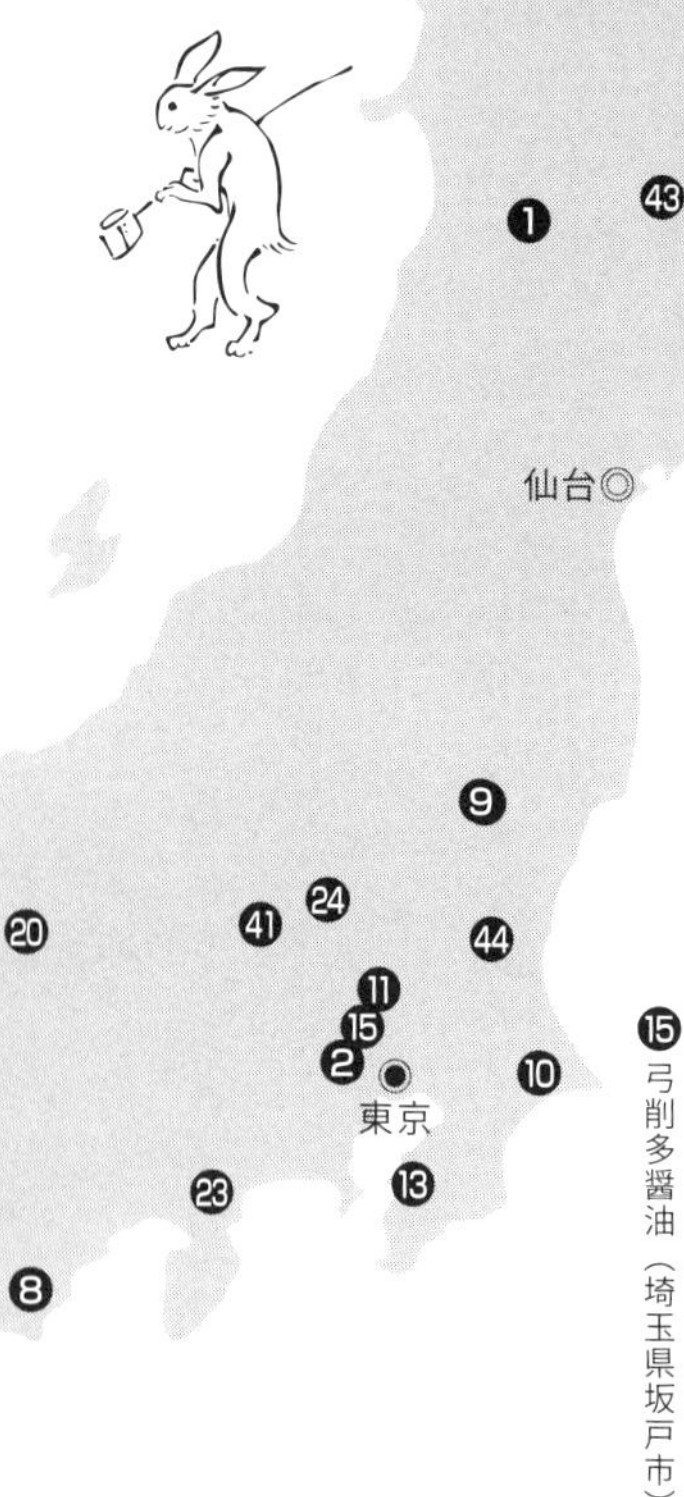

【濃口醤油】

醤油の造り方

一麹、二櫂、三火入れ。

これは、昔から職人に伝えられてきた醤油造りの大切な工程を表現した言葉です。「麹」とは、蒸した大豆と炒った小麦に麹菌を繁殖させる最初にして最大の重要ポイントである麹造り。「櫂」は、麹に塩水を入れて造った諸味を攪拌し、熟成の度合いを管理する工程。昔は人力で、櫂棒という長い棒を使ってかき混ぜていたことに由来します。そして「火入れ」は、搾った醤油に熱を加え、独特の香りと色を引き出す最後の工程です。

職人に「どの工程がいちばん大切ですか？」と質問すると、「麹」という答えが多いように

1 原料を処理する

固い原料をホクホクにしたり砕いたり溶かしたりすることで、酵素による分解をしやすくする。

2 麹造り

原料に種麹を加え、麹菌を繁殖させることで酵素を生み出す。醤油造りで最も重要視される工程。

3 塩水を加える

麹に塩水を加え、水分の多い味噌のような諸味を造る。塩分濃度を高めることで、長い熟成期間、雑菌から守る。

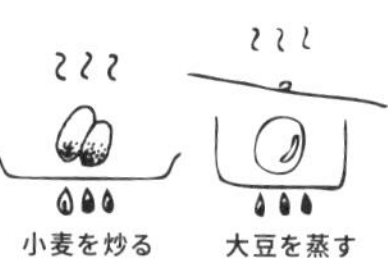
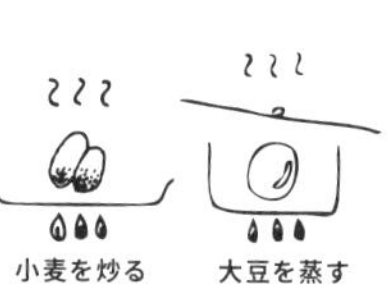

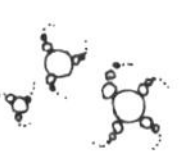

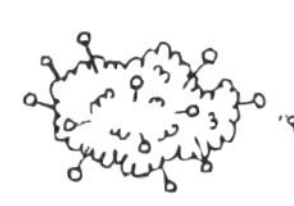

思います。よい麹なしに、よい醤油は造れないというわけです。

基本の原料はうま味となる大豆、甘みや香ばしい香りの元となる小麦、雑菌の繁殖を抑え醤油の味を締める塩。本書で紹介している蔵の多くは丸大豆を原料にしていますが、流通している醤油の多くは、大豆から油を抜き取ったものを醤油醸造用に加工した脱脂加工大豆を使用しています。

下図に紹介しているのは、本醸造・濃口醤油の基本的な造り方です。

淡口（うすくち）・再仕込・白・溜の各醤油、それに甘口醤油や醤油加工品の造られ方は少しずつ異なりますが、それは本書の蔵めぐりの中で触れていきます。

4 発酵・熟成

諸味は、木桶やタンクの中でゆっくり発酵と熟成の時を過ごす。職人は攪拌作業で微生物の働きをサポートする。

5 圧搾・火入れ

諸味を布で包み、生揚（きあげ）醤油を搾る。熱を加えて発酵を止め、色を調えて独特の香りづけをする。

6 完成

余計な雑菌などが入らないように細心の注意をして瓶詰めし、ラベルを貼って商品となる。ここまで3年かかるものもある。

蔵めぐりのアドバイス

本書で紹介しているのは、勉強熱心で地元をはじめ多くの人から愛される醤油を造っている蔵ばかり。お気に入りの醤油と出会うためにも、大切なのは敬意とマナーです。

1 平日に訪ねよう

蔵元も週末は基本的に休業です。活気ある製造現場を見るためにも、訪問は平日がおすすめ。

2 ズボンとスニーカーで

醤油造りに「汚れ」はつきものです。汚れてもいい服装で、忘れずに髪もまとめて。

3 納豆は厳禁！

納豆菌は醤油造りに使う菌より強力。麹（こうじ）造りの妨げになる可能性もあるので、見学当日は納豆を食べるのを控えるのがマナーです。

4 撮影はひとことことわって

蔵の中には、開発中の商品や独自開発の道具も。撮影は必ず許可を得て、ＳＮＳで発信する場合も事前に確認しましょう。

5 予約が基本です！

手が離せない作業や、配達、出張などで職人が不在のこともあります。充実した見学のためにも、ぜひ予約を。

6 買って、使って、伝えよう

見学のお礼も含めて、ぜひ醤油を買って料理を楽しみましょう。見学の感動と醤油の味わいを周りの人に伝えて、あなたも醤油伝道師に！

濃口醤油

「これ1本で」の万能タイプ

国内出荷量の8割以上を占める。塩味のほかに、深いうま味、まろやかな甘み、さわやかな酸味、味を引きしめる苦味を併せ持つ万能選手。

！ポイント

新鮮なものはきれいな赤褐色で、香ばしい香りがする。開けたら1カ月をめどに使いきりたい。

この蔵に機械はありません

石孫本店
秋田県湯沢市

安政2（1855）年創業。明治から大正にかけて建てられた5つの蔵は、登録有形文化財に登録されている。手造り天然醸造の醤油と味噌は、仕込み過程のほぼすべてが手作業。濃口の丸大豆天然醸造醤油「百寿」をはじめ、米麹仕込天然醸造醤油「招寿」、再仕込天然醸造醤油「芳寿」のほか、再仕込天然醸造「みそたまり」などの醤油や味噌を製造している。

〒012-0801
秋田県湯沢市岩崎字岩崎162
TEL：0183-73-2901
ishimago.main.jp
※見学可（要予約）

代々使い込まれた道具を使い、機械に頼らず人の目と手だけで醤油を造る。そんな「昔ながらの製法」という表現がふさわしい蔵元が秋田県湯沢市にあります。

車を走らせ、「ここだ！」と直感する蔵を見つけるとアポなしで飛び込むという、いつもながらの蔵めぐりで東北へ。突然の訪問にもかかわらず、「どうぞ、どうぞ」と笑顔で対応をしてくれたのが社長の石川裕子さんでした。上品な物腰に穏やかな口調は、〝醤油蔵の社長さん〟という肩書がちょっと結びつかない印象。この後、何度も訪ねるうちに、石川さんの人柄が、やさしくやわらかい石孫本店の醤油の香りを醸し出していることに気づくことになります。

いつも笑みを絶やさない石川裕子さん

黒々と風格ある「醤油味噌酢醸造場」の浮き彫りに、かろうじて読める「秋田縣岩崎町　石川孫左衛門」の彫り込み。歴史を感じる大きな木の看板を横目に蔵の中に入ると、薄暗くピンと張りつめた空気が漂っています。正面奥にある仕込み場からは、職人たちが何やらせっせと作業をしている物音が聞こえてきます。その壁に沿って山積みにされているのは、麹蓋（こうじぶた）という長方形のお盆のような形をした麹造りに使う道具です。

よい麹なしにはよい醤油はできない――そのため、醤油造りで最も重要ともいわれるのが、冬場の麹造り。現在は蔵の規模にかかわらず、機械制御で品質の安定を目指す手法が一般的です。

それが、石孫本店の場合は、数百枚もの麹蓋を組み替えたり、中に入っている麹を一枚一枚手でほぐしたり。とにかく人手と手間がかかります。

「これほど多くの麹蓋が現役で使われているって、すごいですね」と言うと、「でも、昔は恥ずかしかったんですよ」と石川さん。「博物館に展示されているのを見た若い蔵人が、うちでは普通に使っていますよね、なんて驚いちゃって」と笑いながら話してくれました。

このあたりは豪雪地帯で、麹造りの最盛期には2階の窓からでないと出入りできないほど雪が降り積もり、一日の仕事の半分が雪下ろしになることも。そんな中で、ただでさえ時間と人手が必要な仕込み作業を効率化できたらどんなに楽だろうと、「早

山積みされた麹蓋

く機械を導入したいねと、よく話していたんですよ」と石川さんは言います。

転機は、ある雑誌の取材。訪れたライターとカメラマンが真剣に話してくれたそうです。「取材で全国の蔵を回ってきたが、この光景は本当に貴重。絶対に残すべきだ」と。

「私たちにとっては〝目からウロコ〟でした」と石川さん。自分たちを否定しなくていいんだ、このままでいいのだと、頭の中を切り替えることができたと振り返ります。そして、〝いつかは最新のものに〟と考えていた蔵や道具の修繕を始めたのです。

ある日、石川さんから「レンガの職人さんをご存じないかしら」と電話をいただきました。話を聞いてみると、麹を造るために必要な小麦を炒る焙煎機を修繕したいというのです。レンガ造りの焙煎機は大正時代から使い続けているもので、熱源はなんと石炭！　今やその確保さえ大変なはずなのに、「できる限り修繕をして使い続けたい」と、レンガの積み直しができる職人さんを探していたのです。

「石炭が赤く熱せられると、とてもきれいなの。毎年少しずつでも手を入れながら道具を守ることも、大切な仕事の一つになっています」と、石川社長は愛おしそうに話してくれました。

再び訪問し、ふと気づいたことがありました。蔵の中から嫌なにおいがしないのです。歴史の長い蔵には独特の香りがあって、諸味（もろみ）の管理をおろそかにすると、雑菌が繁殖したような嫌なにおいがする場合もあります。ところが、石孫本店ではそのよう

搾りかすは分厚く湿り気がある

古い道具が大切に使われ、
整然と整えられている

なことが一切ありませんでした。

さらによくよく見てみると、床の隅々まできれいに掃除されていて、仕込み作業に使う道具も整理整頓されています。建物も道具もかなり年季が入っていて、数十年使っているという木製の道具がたくさんあるのですが、ひと目で大切に扱われていることがわかります。

3度目の訪問で、納得したことがあります。

上品なしつらいの客間に通され、「うちの醤油を材料に使ってくださったプリンなんですよ。珍しいでしょ」ともてなしていただきながら話していたときのこと。

「ついこの前ね、20代のスタッフが2人も入ってくれたんですよ」とうれしそうに話す石川さん。聞くと、蔵人に対して具体的な指示は出さないといいます。「今年の仕込みはいつからするの？　と私から尋ねるんですよ」

　では、石川さんの仕事とは？　「現場からね、資材が少ないので発注しておいてくださいと言われたら、それを発注すること。これが私の仕事」と、これまたうれしそうに語ってくれるのです。

　一般的に、生産の規模が大きくなるほど、作業工程は分業化されていきます。それが、石孫本店のように近代的な機械のない蔵では、職人一人ひとりのかかわり方が、そのまま品質に影響します。

　石孫本店では、小さな失敗があると、何が原因で誰のどのような作業が影響しているのか、蔵人同士であれこれ話し合うそうです。そのような積み重ねを通して、醤油とどうかかわるのがよいかを一人ひとりが考え尽くす。現場は清潔なほうがいいというのは、そうした実感の一つなのでしょう。

　蔵人たちが納得して自発的に行動しているからこそ、やらされ作業ではなく、当たり前の仕事として雑巾と箒（ほうき）で徹底的に掃除する。そのような職人が造る醤油はやはり格別で、昔ながらの製法ということ以上に石孫本店の味を形づくっているのです。
「仕事をすることは生活の糧だけど、喜びの心がないといけない。そうしないと寂しいでしょ？」。石川さんはこともなげに言います。理想的だけれど、それが難しいのに。
秋田の厳しい冬、麹蓋を見守り続ける寝ずの番、きついはずの日々の仕事にこそあるという喜びの心――。「昔ながら」とは変わらないことではなく、変えないために日々たゆまぬ努力を続けること。そう教えてくれる石孫本店は、訪ねるたびに新鮮な「昔ながら」に出会える蔵です。

この1本でこの料理

百寿

どんな素材にも合う万能タイプの「百寿」は、素朴で穏やかでやさしい味わい。リピーターも多い。

ジャガバター

アツアツのジャガイモにバターと「百寿」を垂らしたジャガバターは、「すぐに食べられておいしい！」と評判の簡単レシピ。

1. ジャガイモをラップに包む
2. 電子レンジで約3分
3. バターをのせて「百寿」を垂らしてできあがり

近藤醸造

東京都あきる野市

明治41(1908)年創業。今や東京で唯一の醤油醸造元。創業者・近藤五郎兵衛の"五"に由来する「キッコーゴ」の商標で親しまれている。秋川渓谷の入り口に位置し、澄んだ空気と清流・秋川に囲まれ、国産丸大豆、国産小麦を使い、天然醸造の醤油を造り続けている。濃口醤油のほかに、めんつゆ、ぽん酢醤油などの醤油加工品、焼肉のタレやソースなども造っている。

〒190-0144
東京都あきる野市山田733-1
TEL：042-595-1212
www.kondojozo.com
※見学可（要予約）

醤油の知識、蔵めぐり、各地の醤油をガラスの小瓶に詰めて販売する――。「職人醤油」の誕生に、近藤功さんの存在は欠かせません。

近藤さんと出会ったのは平成19（２００７）年。３年間勤めた会社を辞め、独立して醤油にかかわる仕事をやりたいと、漠然と考え始めたころでした。

興味はあったものの、醤油についての知識はほとんどありません。まずは醤油の製造現場を見たいと、当時住んでいた神奈川県の自宅から最も近い横浜醤油に電話し、その日のうちに初めての蔵訪問へ。醤油の原料や製造工程についてひととおり説明してもらった後、「もっと醤油のことを勉強したいのですが、次はどこに行ったらいいですか？」と尋ねたとき、社長の筒井恭男さんが勧めてくれたのが近藤醸造だったのです。「国産の丸大豆で仕込みをしているし、木桶も持っている。社長はとても優しいから、いろいろと教えてもらえるはずだよ」と、その場で近藤さんに電話をして１週間後に訪ねる約束を取りつけてくれました。

近藤功さん（右）と筆者

その当日。立川で中央線から青梅線に乗り換え、1時間ほどすると車窓にはのどかな風景が広がってきて、五日市線の武蔵引田駅に到着しました。

約束の時間より早めに着いたので、少し遠回りをしながら歩いていくと、「キッコーゴ」と大きなロゴが書かれた建物が見えてきました。五日市街道沿いにある近藤醸造の店舗は、こぢんまりしているものの多くのお客さんでにぎわっています。

店に入り、約束があることを伝えると、「社長が2階の事務所にいますから」と、奥の建物に案内してもらいました。外階段をのぼり事務所のドアを開けると、出迎えてくれたのは、とても人のよさそうなニコニコ顔。それが近藤さんとの初対面でした。

まだ醤油についての知識が乏しく、まずは製造現場を見学させてほしいとお願いしました。「子ども向けのものはわかりやすいからね」と、見せてくれたのは、小学生が工場見学に来たときに見せるビデオ。醤油の原料処理や麹（こうじ）造りの様子など、製造現場の工程をひととおり説明しているもので、なるほど、近藤さんが言ったとおりとても理解しやすい。

映像を見終わると、「これもやさしく書いてあるから」と、1冊の本を見せてくれました。『しょうゆの不思議　世界を駆ける調味料』(日本醤油協会)という２００ページほどの本。一問一答形式で醤油の知識がギュッと詰まっています。「何冊か持っているから差し上げますよ」と近藤さん。その後も蔵の中を案内してもらうなどして、数々の貴重な話を聞きました。

帰り支度をしていると、近藤さんは軽トラックの鍵を手に、「駅まで送っていきますよ」と当たり前のように階段をおりていきます。「すぐですから」と何度もお断りしたのですが、助手席にあった荷物をよけて私のために席を整えてくれました。車内のエアコンがきくまで、と開け放たれた窓は、結局閉められることなく駅に到着。至れり尽くせりな対応に、恐縮しっ放しでした。

この訪問のときに、「次はどこの蔵を訪ねるべきですか?」と近藤さんに質問しました。すると、「う〜ん、どうしようかな」としばし考え、「そうだなぁ、茨城県は?」との回答が。「まだ木桶で仕込みをしている蔵元がたくさんあると思うから、行ってみたらどう?」とアドバイスをくれました。

その言葉に従って、茨城県を中心に醤油蔵を調べ、１週間ほどで30の醤油蔵をアポなしで訪問。さまざまな製造現場や生産者との出会いをとおして、原料や仕込み方、設備の違いなど、ひとことで醤油といっても、その味わいは蔵によって全く異なることがわかってきました。このときの手応えが、いろいろな蔵の醤油を小瓶で販売する「職人醤油」のアイデアへとまとまっていくのです。

気軽に味比べができるように、醤油を100ミリリットルサイズで販売しようと考えたものの、最初の課題は容器となる小瓶。どこで手に入れたらよいか見当もつきません。そこでまた頼ったのが近藤さん。瓶を扱う問屋を快く紹介してくれました。

おかげで瓶はなんとかなり、次は肝心な中身。真っ先に訪ねたのも、やはり近藤さんでした。「この瓶に詰めてほしい」とお願いすると、「いいですよ」と二つ返事。すでに何軒も醤油蔵を訪問していた私は、あらためて近藤醸造を見て、最初の訪問では

回収され、リサイクルされる空き瓶

東京で醸造される醤油は貴重な存在

わからなかったことに気づきました。

まずは、店の入り口に山積みにされたガラス瓶。醤油の容器として現在はプラスチック容器が一般的です。それでも近藤醸造が瓶にこだわるのは、最も醤油のおいしさを保てる容器だから。醤油は酸素に触れると酸化してしまいます。ペットボトルはわずかに空気を通してしまいますが、ガラス瓶ならその影響を最小限にとどめてくれるのです。ただ、瓶は重くて捨てる手間も大変なので、業界全体としてはペットボトル容器が主流になっているのです。

また、たとえ瓶を使っていてもリサイクルして再利用する蔵は少なく、このように使用済みの瓶が回収され集められている光景はほとんど目にしませんでした。近藤醸造では古くから瓶のリサイクルに取り組んでいます。お得意さんから空き瓶を回収するだけではなく、近場のお客さんが自ら持ち込む姿も日常茶飯事。集まったガラス瓶は黄色いプラスチックケースに入れられて店の入り口に山積みにされ、今どきの醤油蔵には珍しい光景になっていたのです。

平成29(2017)年2月、前橋にある「職人醤油」の店舗で閉店後に一人で事務作業をしていた夜、ファクスが鳴りました。なにげなく送られてきた書類を手にすると、そこには「訃報」と書かれた文字と近藤さんの名前がありました。そのままイスに座り込んで、しばらく呆然としていました。自分の周囲で人が亡くなる経験は、しばらく前に亡くなった祖母以来のこと。一人で葬儀へ行くのも初めてで、どうしたらよいかもわからないまま車を走らせて式場に向かいました。

「少し早かったかな」と思う間もなく、すでにあふれ返る人、人、人。私の後にもどんどんやってきます。「すごい人だね」とつぶやく声が、あちらこちらから聞こえてきました。

お焼香の順番待ちをしながら思い出したのは、初めての訪問のときのこと。近藤さんに、「醤油はどんな使い方をするのが好きですか?」と聞くと、「あまり大きい声で言うとお行儀が悪いって怒られてしまいそうなんですけれど」と前置きをして、「アツアツのご飯に醤油を垂らすでしょ、するとフワッといい香りになる。本当においしいと思うんですよね」と、とびきりの笑顔と身ぶり手ぶりで話してくれました。

近藤さんなくして「職人醤油」なし。これからもっともっと醤油の魅力を伝えていくことが、近藤さんへの恩返し。今ではすっかり本棚になじんでいる『しょうゆの不思議』を見るたびに、そう思うのです。

五郎兵衛醤油

国産丸大豆を原料に杉桶で1年熟成。仕込みに使う塩水の量を極限まで少なくしているため、うま味が濃縮された仕上がりに。

醤油トースト

「バターと一緒に塗ってトーストすると絶品!」というお客さまの声で誕生したメニュー。

1. 食パンをトースターで焼く
2. 焦げ目がついてきたらバターと「五郎兵衛醤油」を薄く塗って再び焼く
3. 醤油に少し熱が加わったくらいで完成。再加熱は短めにするのがポイント

自社醸造を復活させた若き蔵人の挑戦

ミツル醤油醸造元

福岡県糸島市

昭和（1926年〜）初期創業。屋号は、先代・城守男が「満たされる、満足していただけるものづくりを」との思いで命名した。現社長の息子である城慶典さんが、祖父の代まで使っていた蔵や木桶を修繕し、途絶えていた自社醸造を復活。大豆も小麦も地元・糸島産を使った醤油造りにも取り組んでいる。濃口醤油のほかに淡口醤油、再仕込醤油、醤油加工品も造る。

〒819-1601
福岡県糸島市二丈深江925-2
TEL：092-325-0026
www.mitsuru-shoyu.com
※見学可（要予約）

「職人醤油」を開いて2年ほど経ったころ、1通のメールが送られてきました。

「実家は福岡の醤油蔵です。いつか原料からの仕込みを復活させたいと考えています」

端的な文言から、真っすぐな気持ちが伝わってきました。

ぜひお会いしましょう、と渋谷で待ち合わせをすることになり、やってきたのは大きな体に坊主頭の青年。城慶典（よしのり）さん(右ページ)はそのころ、東京農業大学の醸造科学科を卒業して自然食品を扱う店で働きながら、食に関する専門学校に通っている最中でした。

連れ立って近くの喫茶店へと歩き始めるやいなや、醤油の話が始まりました。屈託ない笑顔と常に謙虚な物言い。そんな城さんが特に力を込めて話したのが、自分で醤油造りを復活させたいというものでした。

日本全国を見渡しても、原料の大豆や小麦から醤油造りを手がけるメーカーは少ないのが実情です。その背景にあるのが、昭和38(1963)年に中小企業の構造改革の促進と近代化を目的に制定された「中小企業近代化促進法」。この法律に沿って、中小の醤油メーカーは地域ごとに組合を組織して共同工場を設置し、そこで原料処理から発酵熟成、諸味（もろみ）から醤油を搾り出す圧搾までを行い、最終加工のみを自社で行うという流れができました。

この取り組みは醤油の安定供給と品質向上に大きく貢献しましたが、一方で小規模な蔵の大半は自社での醸造をあきらめてしまいました。城さんの実家であるミツル醤油もその一つ。40年ほど前に自社醸造をやめていました。

城さんがこの現実を知ったのは、高校生のとき。醤油屋であれば原料から造りたい。祖父の代にはそうしていたのだから、自分がもう一度復活させればいい——。でも、ほとんど前例がありません。醤油業界では廃業するメーカーは増える一方で、新規参入は皆無。新たに醤油造りをスタートさせる事例は、身近にありません。

その理由は、リスクを伴う大がかりな設備投資です。醸造業には広い空間が必要不可欠で、仕込みの作業をする場所、麹（こうじ）を造る麹室（むろ）、発酵熟成のための木桶を並べる場所などを確保しなくてはなりません。また、原料の大豆を蒸したり小麦を炒ったり、

諸味の熟成具合を確かめる

諸味から醤油を圧搾したり、さらには木桶の修繕など、道具や設備を整えなくてはなりません。しかも商品が売れて代金を回収できるのは1年も2年も先になるわけですから、その間を支えるための資金も必要です。これらのリスクを背負って仕込みの復活に挑むのは、とてもまれなことなのです。

実は、初めて会う前から城さんの名前を聞いていました。全国各地の醤油蔵をめぐっていると、なぜかさまざまな生産者の口から「城慶典」という名前が出てくるのです。

普通は、ほかの蔵が話題に上がることはめったにないのに、なぜなのか。城さんは東京農業大学の学生時代、長期の休みのたびに各地の醤

高さ2メートルほどの木桶に合わせて足場を組み作業する

油蔵に出向き、泊まり込みで醤油造りの手伝いをしていました。醸造の蔵には、「同業者は中に入れない、入ろうとはしない」という暗黙のルールがあるようですが、学生となると話は別。「城くんは、うちで醤油を造っていたんだよ」と話す蔵元は各地にあり、謙虚で熱心なその人柄も相まって、皆が師匠や親のようなまなざしで若き蔵人の挑戦を見守っているのです。

そうして迎えた初めての仕込み作業。私も手伝いに行きました。すべてが手探りで、城さんは小麦を炒る釜から掃除に使う箒（ほうき）に至るまで、多様な道具をそろえるために奔走していました。「これ、見てください」と抱えてきたのは、麹造りをするための麹箱という道具。一般的な

仕込みには大きくて底がメッシュ状のオリジナル麹箱を使う

ものは片手で持てるほどですが、それは抱えないと持てないくらい大きく、しかも、底の部分はメッシュ状になっています。

「もともとはある醤油蔵で見せていただいたものです。昔はメッシュ素材がなかったので使えなかったのかもしれませんが、過剰な発熱をコントロールするには理にかなっていると思いました。自分がやるならぜひこの方式にしたかったんです」

各地の蔵を手伝う中で昔からの伝統製法がどのようなものかを学び、さらに、現代の技術をもって工夫を加えて磨きをかける。城さんの醤油造りには、このスタンスが貫かれています。

メッシュ底の麹蓋も、それを見せてくれた蔵元に相談をしたら、喜んで実物を1枚送ってくれたそう。他社に情報を公開することに消極的な職人たちも、城さんの頼みとあればこんなふうに積極的に協力してくれるのです。

初めて仕込みをすることの最大のリスクは、どのような味になるかわからないこと。長年、仕込みを続けている蔵には、この原料でこんなふうに仕込みをすると、このような発酵をして、こうした味わいになるという一連の経験知があります。予測と実際にできたものに差があれば、原因を突きつめて対策を講じることができますが、城さんの場合は基準になるものがありません。

一般的に醤油蔵は常に同じ品質の醤油を造り続けることを前提にしています。特に飲食店向けに出荷してる場合はなおさらで、醤油の変化がほかの調味料とのバランスを崩してしまい、料理への味つけを変えてしまうからです。そのため、例年と異なる製法や原材料を変えることには高いハードルがあり、大きく味を変えるなどの挑戦は

初めての圧搾には修業した岡本醤油醸造場（124ページ参照）のメンバーも駆けつけた

しにくい環境にあるのです。

ところが、城さんの場合は、毎年変わることを前提にしました。だから塩の産地をガラッと変えたり麹菌の種類を変えたり、仕込みのときに大豆を細かく刻んでみたりと、いつも精力的に試行錯誤をしています。

「手がけるほどに改善点は見えてくる。経験が浅い分、修正できるところはどんどん修正していくつもりです。来年の搾りは、必ず今年よりもよいものにします！」

来年は今年より、もっとうまい——。城さんの搾る醤油は進化を続けます。

生成り、こいくち

九州産の大豆、小麦、塩を使い、木桶で2年間熟成。甘みのある醤油が好まれる九州の土地で、シンプルな醤油造りに挑戦する若き造り手、渾身の一滴。

かまぼこ

シンプルで上質な素材からできているものは、そのまま食べるのがおいしい。でも、さらに味わいを引き立てるなら、「生成り、こいくち」のように、実直できちんと造られた醤油がピッタリ。

1. かまぼこを切り分ける
2. シンプルに「生成り、こいくち」を少しつけて食べる

〝あるもの探し〟で地域とともに

八木澤商店

岩手県陸前高田市

文化4（1807）年、八木澤酒造として創業。大正年間（1912〜1926）より醤油醸造業を兼業する。平成23（2011）年の東日本大震災で150年以上使い込まれた気仙杉の木桶もろとも蔵が流失したものの、同年のうちに操業を再開。濃口醤油のほかに、ぽん酢醤油などの醤油加工品も造る。地元の子どもたちを対象に味噌造り教室を開講するなど、地域の食育活動にも取り組む。

〒029-2201
岩手県陸前高田市矢作町
字諏訪41
TEL：0192-55-3261
www.yagisawa-s.co.jp
※見学可（要予約）

平成23（2011）年3月11日、東日本大震災の日のことは今でもはっきりと覚えています。東京に行くため、最寄りの前橋駅に向かう途中でした。「職人醤油」の本店がある群馬県前橋市に大きな被害はなかったものの、停電で信号機の灯火が消え、道路は渋滞し車があふれ返っている状況。普段の10倍近くの時間を費やしてようやく家にたどり着くと、すっかり日が暮れていました。

テレビをつけると、町が津波にのまれていく衝撃的な映像と同時に目に飛び込んできたのは、とても親しみのある「陸前高田市」という地名。かつて八木澤商店を訪ねた折に海沿いを走り、白砂青松の美しさに心打たれた町とは思えませんでした。

社長の河野通洋さん

八木澤商店を初めて訪れたのは、平成20（2008）年。「職人醤油」を始めたばかりのころです。埼玉県の醤油蔵から「岩手県の八木澤商店には、ぜひ行ったほうがいいよ」と聞いて、さっそく北へ北へと車を走

どっしりした土蔵が印象的な震災前の八木澤商店

らせました。陸前高田市に着いてまず訪れたのは、白い砂浜に7万本もの松が並ぶ高田松原。その光景に圧倒されながら車で数分の距離にある八木澤商店へ移動すると、出迎えてくれたのは河野通洋さん。当時の肩書は専務でした。

文化4(1807)年の創業。どっしりした土蔵と歴史を感じさせる立派な母屋、それに「八木澤」と大きな文字で書かれたつややかな看板が、長い歴史の中でずっと活気を保ってきた醤油蔵であることを物語っています。蔵の中には木桶が並び、伝統的な醤油造りの光景が広がっていました。

今でこそよく見られる丸大豆醤油。実はその先鞭をつけたのが八木澤商店です。丸大豆を使い、昔ながらの醤油を復活させようと取り組み始めたのは約40年前のこと。当時は、近代的な設備で大量生産すること、安い醤油を造ることがよいとされていた時代で、原料は大豆から油を取り除いた脱脂加工大豆が主流でした。流通量が少なく価格も高い丸大豆の醤油は、見向きもされない存在だったはずです。それでも自然の中で造る昔ながらの醤油を再現したいと、取り組みをスタートさせたそうです。

すると、やはりというか当然というかコストがかかります。原料の丸大豆を木桶に仕込み、四季の変化で発酵熟成させ、てこの原理で3日間かけて圧搾する。結果、1升3000円もする醤油になってしまったそうです。「自分たちも、『誰が買うんだ?』と思った」と河野さん自身が言う価格設定。ところが、「かけてもつけても、煮ても焼いてもおいしい」という万能で確かな味わいが評判を呼び、次々と注文が舞い込んできたのだそうです。

原料の丸大豆

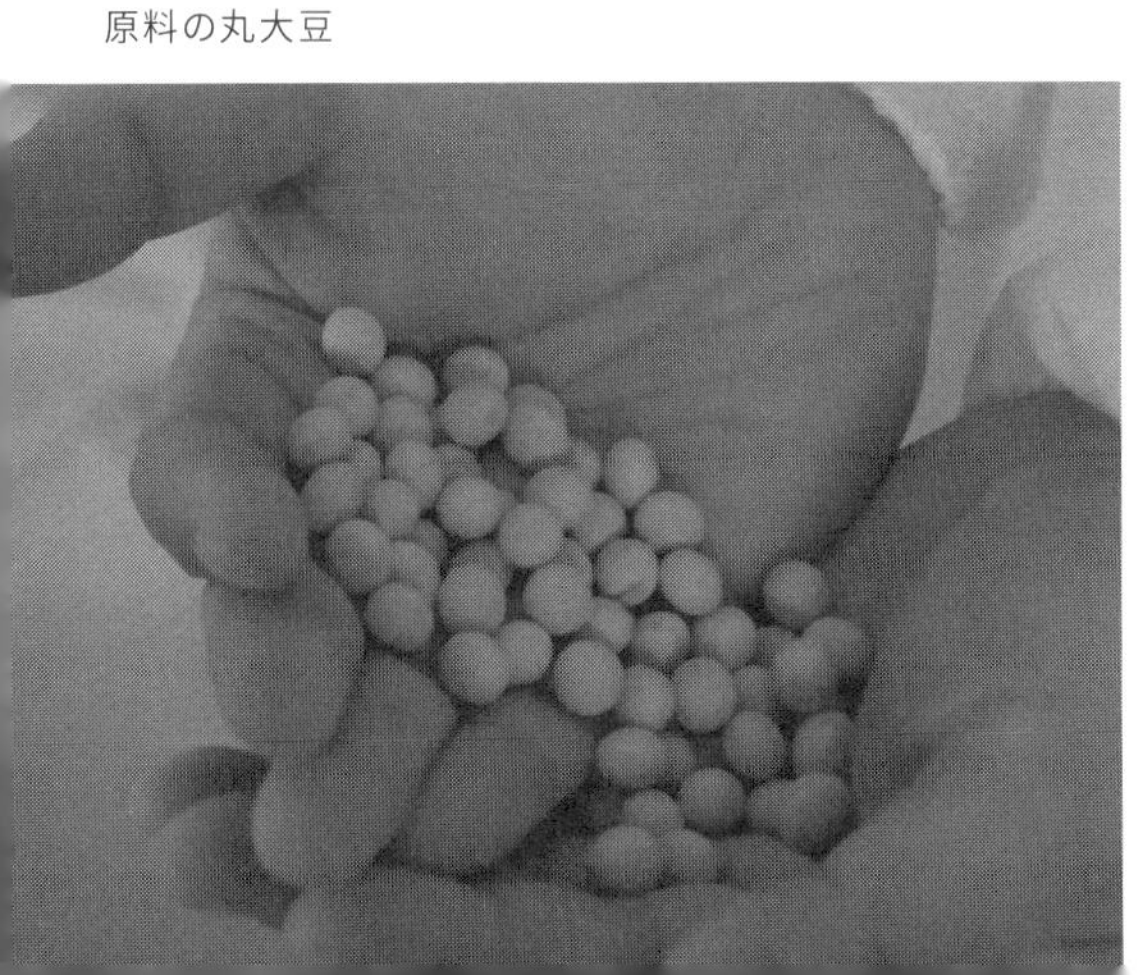

そうした日々を一変させた、あの震災。「あまりに想像をこえて、笑いしか出てこなかった」と河野さんは振り返ります。一方で、「うちの工場長が、流されていく工場を見ながら、『原料を満タンにしていたのに、もったいない』なんて話しているのを聞いて、『いやいや、それどころじゃないでしょ！』と冷静に考えていた自分もいた」とも。

「誰かが『やるぞ！』と言わないといけない」——。

当時、専務だった河野さんは父親である先代に社長交代を直訴。「自分たちが絶対に復活させるから」と、翌日には従業員を集め、「誰一人、解雇しない」と宣言したそうです。

とはいえ、原料はおろか蔵もすべて流されてしまい、できることが何もない状態。1週間ほど経つと、家に残された人たちが悲惨な状況になっていることに気づいたそ

積み上げられているのは地元の人たちと連携して育てた大豆

諸味(もろみ)を入れる発酵タンク

うです。「避難所にいる人たちは家が流されてしまいましたが、全国からの救援物資で食料はある。片や、家が残っている人たちは、避難所に来て『食べ物をくれ』とは言えず、我慢をしていたんです」

そうした状況の中、八木澤商店の皆がやったのは、配達。避難所に集まってきた救援物資をトラックに載せ、各家庭を回ったのです。「醤油を救援物資に換えてトラックを走らせることが、当時の私たちの仕事。うちの醤油を200年も使い続けてくれた地元への恩返しです」

その後、知人のつてをたどって内陸に拠点を移し、さらにひと山越えた一関市の小学校跡地に工場を建設し、平成25(2013)年から醤

震災後に地元企業の経営者らと若い力を活用するビジネスプランも立ち上げた河野社長

油の出荷を再開しました。

新工場を訪ねると、同時並行でさまざまな取り組みが行われていました。醤油の工場とドレッシングなどの醤油加工品の工場を分けて建設。醤油は仕込みから出荷まで1年ほどかかるので、早く製造に着手できるつゆやドレッシングから出荷を開始しました。加えて河野さんは、地元の農家とのコミュニケーションや、陸前高田にあるほかの企業も含めた若手の働き手の確保にも奔走。それでも、地元の原料を使った八木澤商店の醤油造りの本質は、変わることがありませんでした。

最近、こんな話を聞かせてくれました。

「〝震災のおかげ〟と言えるようになってきた

んです。ないものねだりではなく、〝あるもの探し〟をすれば、できることは無数にあるということに気づきました。そしてなにより、当たり前に商売ができるありがたさを実感するんです」

河野さんの言葉は以前にも増して力強く、「いつの日か、創業の地での醤油造りを復活させるぞ」という決意を感じずにはいられませんでした。

丸むらさき

岩手産丸大豆と小麦で仕込んだ濃口醤油。明るい色と、まろやかな味わいが持ち味。焼きおにぎりに使っても。

焼きトウモロコシ

縁日の露店の懐かしく香ばしい香りが、電子レンジで簡単に。

1. トウモロコシの皮をむき、ラップに包んで電子レンジで上下1分30秒ずつ
2. 包丁で実がバラバラにならないようにこそげる
3. フライパンに油を熱してトウモロコシが少し焦げるように焼き、「丸むらさき」を少量垂らし、香りが立ったらできあがり

足立醸造

兵庫県多可郡多可町

明治22(1889)年創業。奥播州の山紫水明の地で、すべて丸大豆を原料とする木桶仕込みの醤油を醸造。平成24(2012)年に新築された蔵には100年近く使い込まれている木桶43本と、国内最大級120石(約2万リットル)の新しい大桶が7本並ぶ。有機JAS認証をはじめ、欧米の国際有機認定も取得。濃口のほか、淡口、再仕込醤油、醤油加工品や味噌も製造している。

〒679-1212
兵庫県多可郡多可町加美区
西脇112
TEL:0795-35-0031
www.adachi-jozo.co.jp
※見学可(要予約)

「婿養子の醤油屋は、いい醤油屋」

私が勝手に感じている法則です。なぜなら、「自分がいるからこそできる何か」を探そうと、新たな挑戦をする蔵元が多いように感じるからです。足立醸造の社長、足立達明さんも、婿養子。「やっぱり肩身が狭いもんだよ」とこっそり話してくれますが、ここも私の法則どおり、新しい挑戦を続ける蔵元です。

ここは、淡口醤油の主生産地である兵庫県たつの市を訪ねたおりに、末廣醤油（100ページ）の社長、末廣卓也さんが教えてくれた蔵。次はどこに行くべきか、「県内で面白い試みをしたり注目されたりしている蔵はありますか？」と質問したところ、「少し遠いけれど足立醸造さんはどうかな」と紹介してくれたのです。県内でも中央部にあり、周りを山で囲まれている足立醸造は、車がないとうかがうのが大変です。こう書くと山間の集落にある小さな蔵元のような印象を持つかもしれま

醤油をこよなく愛する足立達明さん

国内最大級の大桶が並ぶ新工場

せんが、れっきとした有機ＪＡＳ認証工場。足立醸造が取得した平成14（２００２）年当時、中小メーカーの取得はきわめてまれでした。

足立醸造の醤油は、すべて木桶仕込み。そこには、「蔵元特有の味わいを醸し出す微生物にとって、最高に心地よい木桶で熟成させることで、深くまろやかな醤油になる」という足立さんの信念がありました。

平成21（２００９）年３月20日に、高さ約２メートル、30石（約５４００リットル）の木桶を設置。さらに、長男の裕さんが家業を継ぐため戻ってきた平成24（２０１２）年、次なる大きな決断を。新工場の建設と、高さ４メートル、直径３メートル、１２０石（約２万リットル）

という国内最大級の大桶を設置する大規模な投資でした。

これらの挑戦によって、醸造する醤油の全量が木桶仕込みの丸大豆醤油、その半分以上がオーガニック原料を使ったものに。今ではヨーロッパをはじめ海外のオーガニック規格も満たし、輸出もしています。「これからはSoy SauceではなくShoyuとして認知してほしいね」と、意欲満々に語る足立さん。

先代・光也さんが、「自分たちの手で原料から醸造した醤油をもっともっと世に出していきたい」と、特に大事にしたという「醸造」への思いは、足立さんへ、そして息子さんたちに刻み込まれているのだと思います。

木桶仕込み 国産有機醤油

希少な国産の有機大豆、有機小麦、赤穂の海水塩、北播磨の清流・杉原川の伏流水を使用し、吉野杉の木桶でじっくり熟成させる。まろやかで深みある芳醇な味わい。

焼き油揚げ

油揚げをただシンプルに焼いて大根おろしを添え、「木桶仕込み 国産有機醤油」を垂らせば、ごちそうに。

1. 油揚げをグリルかフライパンで焼く
2. 大根おろしを添えて「木桶仕込み 国産有機醤油」をかければできあがり

〝科学の視点〟で伝統を継承する

井上本店

奈良県奈良市

　創業年不詳のため初代の没年である元治元(1864)年をもって創業としている。「イゲタ醤油」として親しまれ、国産の大豆と小麦、天然酵母を使い、天然醸造で醤油を造る。レンガ造りの蔵は、大正時代に建てられたもの。貴重な黒大豆を使った「イゲタ黒豆醤油」をはじめ、濃口醤油、淡口醤油や、ぽん酢醤油などの醤油加工品、味噌を醸造する。

〒630-8322
奈良県奈良市北京終町57
TEL：0742-22-2501
※見学可（要予約）

ある日突然、井上本店の息子さんたちが前橋にある「職人醤油」本店に遊びに来てくれました。東京農業大学に通う吉川修平さんと遼さん。2人とも礼儀正しく、しっかりした好青年です。

よく耳にする話の一つに、「醤油蔵に生まれた子は、一度は実家が醤油屋であることを嫌いになる」というものがあります。嫌いになってしまう理由は、幼少期にからかわれたというものから、いつも服に醤油の香りがついてしまうのが嫌だったというものまでさまざま。この話は、進学などで地元を離れてから家業を客観的に見て、あらためてその素晴らしさに気づく、というふうに続きます。

ところがこの兄弟の場合は、一度も実家や家業を嫌いにならなかったというのです。「働く両親の姿を見て大変そうだなと思ったこともあるけれど、それよりも誇りを持って楽しそうに仕事をしていると感じました」

兄弟にそうした働く父親の背中を見せてきたのは、6代目の吉川修さん。蔵を訪ねたときに、先代・平祐さんが大変な苦労をしながら醤油造りをしていたことを話してくれました。

蔵に息づく微生物とともに熟成を待つ諸味（もろみ）

「先代は先々代が残した借金のために、お酒やジュースの販売などありとあらゆることをやりました。ようやく自分の目指す醤油造りのための原料を買うことができたときの喜びは、ひとしおだったそうです」

国産の原料を使い、2年の歳月をかける天然醸造。研究熱心でもあった先代は、単にうま味を出すことだけが醤油ではないと、微生物と人間との関係まで深く掘り下げていったそうです。その思いは、「醸造は微生物が自らの生命を全うするために造り出す貴重な生命物質を利用させていただく先祖の遺産である」と、文章にも残されています。

「熱心で改良好きの先代は、蔵の中にたくさん

イゲタ 黒豆醤油

レンガ造りの蔵の中で2年の歳月をかけて熟成。原料の黒大豆は、醤油に使われることはめったにない貴重なもの。

目玉焼き

醤油かソースか、意見が分かれる目玉焼き。素材の味わいを生かしてくれるすっきりした味わいの「イゲタ 黒豆醤油」なら、誰でも大満足の目玉焼きに。

1. 卵を焼いて目玉焼きにする
2. 「イゲタ 黒豆醤油」を垂らしてできあがり

笑いが絶えない吉川さん夫妻

の試行錯誤の種をまいてくれました。私たちは今、それをそのまま踏襲するのではなくて、科学の目をもって見直し、検証している段階なのです」と修さんは言います。現在は、大手酒造メーカーの研究員だった妻の恵美子さんと二人三脚で微生物と向き合う日々。目指すのは、自分たちがおいしいと感じるものを造ること。先代から引き継がれている前向きな試行錯誤の姿は、息子さんたちにもしっかり受け継がれているように感じます。

欲を出さず、手も抜かず、シンプルに

カネイワ醤油本店

和歌山県有田郡有田川町

大正元（1912）年、醤油醸造発祥の地とされる紀州・湯浅で技術を身につけた初代・岩本政吉が、紀伊山地と高野山系から湧き出る良質の水に目をつけ創業。以来、木桶仕込みによる昔ながらの製法で２年の歳月をかけ、天然発酵熟成の醤油を醸造している。「古式醤油」をはじめとする濃口醤油、淡口醤油、「しらす丼の醤油」など醤油加工品を製造している。

〒643-0142
和歌山県有田郡有田川町
小川357
TEL：0737-32-2149
www.kaneiwa.net
※見学可（要予約）

ミカンの産地として有名な和歌山県有田郡は、醤油発祥の地としても知られています。鎌倉時代、心地覚心という禅僧が中国から径山寺（きんざんじ）（金山寺）味噌の製法を持ち帰ったことを醤油の起源とする説があり、まさにその舞台なのです。

車を走らせていると、そこここに山積みのミカン。少し走るとまたミカン、その先にもミカンを売っている店と続く大通りから小道に入り、さらに細くなる道をしばらく進むと、黒壁が続くきれいな木造の建物に「カネイワ醤油本店」と書かれた小さな木の看板が見えてきました。

4代目の岩本行弘さん

藍で染められたのれんをくぐると、「ややっ！　よう来てくれましたな！」と大きな声。出迎えてくれたのは、専務の岩本行弘さんです。家業に戻ってくる前は看護士として病院勤務、地元のラジオ局ではレギュラー番組を持っているという、一風変わった経歴の持ち主です。

いつ訪問しても、ケラケラと笑い声が絶えないマシ

蔵や木桶には酵母や微生物が世代交代を繰り返して息づいている

ンガントーク。それが、ひとたび蔵のことや醤油造りに話題が及ぶと、「千人に一人でもいい。本物を求めてくれるお客さまに出会いたい」と、キリッと眼光鋭い職人の顔に変わります。

そんな岩本さんとの思い出は、平成22(2010)年に石川県で開催された「第4回全国醤油サミット」の懇親会でのこと。それまでも醤油メーカーの集まりなどで顔を合わせていたのですが、「近くに来たら寄ってくださいね」というお誘いに、「ぜひお願いします」と社交辞令的に答えていました。それが、そのときに「おまえは、『行く、行く』言いながら、いつになったら来るんだ!」と、半分はお酒の勢いで、半分は本気で指摘されたのです。いい顔ばかりしがちな自分を反省。それは、「岩本さんは、裏表のない人なんだ！」という強烈な印象となりました。

「自分たちが魂をたっぷり込めて、カネイワにすみつく微生物たちが造り上げてくれた醤油。価格だけで比べたら大手メーカーの醤油に勝てるはずはないけれど、『高くてもカネイワの醤油がいい！』と言ってくれるお客さんに、一人でも多く出会いたい」

岩本さんの言葉は、ストレート。だからこそ、響いてきます。欲を出さず、手も抜かず、そしてシンプルに――。それがカネイワの醤油です。

古式しょうゆ

2年間、じっくり木桶で育んだ味わいをそのままに、調整していないので香りが豊かなのが特徴。

レンコンとクリームチーズ

レンコンのシャキシャキ感とチーズの滑らかさがよく合う。“大きめの皿に小さく”が盛りつけのコツ。

1. レンコンは皮をむいて8ミリ幅にスライスし、酢水につけてアク抜きする
2. フライパンにオリーブオイルを熱してレンコンを焼き、塩・コショウで味つけする
3. クリームチーズとからめて皿に盛り「古式醤油」をかけ回す

データと研究で伝統を支える

栄醤油醸造

静岡県掛川市

寛政7(1795)年創業。初代・深谷新八が家業であった刀鍛冶と並行して醤油醸造を開始。5代目・深谷新平のころに醤油圧搾機の導入など、醤油蔵の基礎を確立。平成17(2005)年に実施した創業以来初の大改修では、古い柱や土壁を残して蔵にすみついている菌を守った。濃口醤油のほか、淡口醤油、ぽん酢醤油やだし醤油なども製造している。

〒437-1301
静岡県掛川市横須賀38
TEL：0537-48-2114
www12.plala.or.jp/sakae-s
※見学可（要予約）

「自分が5代目だと思っていたら、蔵の瓦をふき替えたときに天保やら文政などの元号が書かれたものが出てきて、調べ直したら7代目だったんです」と、社長の深谷益弘さん。ルーツはなんと、三河からやってきた刀鍛冶だそうです。

元の屋号は、深谷醤油店。先代の教治さんが「皆が幸せになるように」との願いを込めて「栄醤油」を商品名にすると次第にその名が親しまれるようになり、会社名も栄醤油醸造に。先代は、高度経済成長期に多くの蔵が設備の機械化や大量生産化の波に翻弄される中でも、国産大豆を木桶で仕込む昔ながらの醤油造りを続けることを選んだといいます。「周囲からは時代遅れの田舎者と見られていた」と深谷さん。

「目先がきく人たちは機械化して大量生産にシフトし、どんどん売り上げを上げていきました。でも皆、醤油造りをやめてしまった。うちの場合は、原料にこだわって昔ながらの造りを続けた結果、周回遅れで先頭に追いついたというところでしょうか」

社長の深谷益弘さん（左）と8代目の允（まこと）さん

併設されている店舗での販売が多い

そんなふうに笑いますが、実は事務所のパソコンには毎回の仕込み量から温度管理の経緯、塩水に関する数値など、詳細なデータが蓄積されています。パソコンがちまたに普及するはるか以前から専門的な知識を駆使して使いこなしていたという、研究熱心な深谷さんならではです。

そして、栄醤油醸造を支える職人として忘れてならないのが、工場長の古川真輔さん。30代にしてすでに20年以上のキャリアです。私が訪問するたびに醤油の味見をさせてくれて、「いつもながらおいしいですね」と伝えると、「いや、もっと悪いところを言ってください！」と真顔で迫ります。少しでもよりよい醤油を造ろうと、毎日毎日考えている――そんな雰囲気が伝わってきて、私の大好きな職人さんの一人です。

彼には忘れられない経験があります。いつものように掃除をして帰り、翌朝、仕込み蔵に入ると、そこには先代がさらに掃除をした痕跡が。

工場長の古川真輔さん

「こんなことをさせてはいけない！」

今でもそのときの気持ちを忘れたことはないという古川さん。几帳面できちんと醤油造りに向き合う姿勢のルーツは、そんなところにあるのかもしれません。

さらに、数年前には家業を継ぐために8代目の允さんが戻ってきました。7代目譲りの研究熱心さを発揮し、一般的な醤油蔵は種麹（たねこうじ）を麹屋さんから買ってくるところ、自家採取した蔵付きの麹菌で醤油を造る取り組みを進め、商品化。これから、攻めの姿勢で伝統を守る醤油屋になっていきそうな予感がします。

栄醤油

国産大豆を木桶で仕込んだ天然醸造。蔵付き微生物の力がフルーティーな香りを醸し出す。

肉ジャガ（4人分）

皮が薄く、みずみずしい新ジャガで作るなら、「栄醤油」が一番！

1. 新ジャガ（8個）は洗って皮ごと使う。タマネギ（1個）はくし形切りに、ニンジン1本は乱切りに
2. 鍋にサラダ油を熱して牛肉（200グラム）を炒め、**1**を加え炒める
3. ひたひたに水を入れ、煮立ったら中火にして砂糖と酒（各大さじ2）、味醂（大さじ1）、「栄醤油」（大さじ3）を加え、煮込む

醤油蔵と青空が広がるリンゴ畑

鈴木醤油店
福島県岩瀬郡天栄村

醤油醸造を始めたのは明治初期。宿場町として栄えた風光明媚な土地に根ざし、醸造蔵とリンゴ農家を営んでいる。平成23(2011)年の東日本大震災で被害を受けたが、5代目は力を尽くし、蔵の機能が制約されたものの操業を継続。創業以来の麹蓋(こうじぶた)を使う麹造りは、震災後に中断していたが、6代目も加わり再開。平成30(2018)年には3年かけて熟成させた醤油が完成した。

〒962-0501
福島県岩瀬郡天栄村大字
牧之内字矢中2
TEL:0248-82-2020

高速をおりて国道294号線を30分ほど北上し、「天栄村」という案内看板を過ぎると、見渡す限りの田園風景。さらに進むと、昔は養蚕もしていたという2階建ての母屋が見えてきました。迎えてくれたのは6代目の鈴木良浩さん。東京都内で高校の教師をしていましたが、平成26(2014)年の結婚を機に、家業に戻りました。

初めての訪問は、いつもながらアポなしの飛び込み。でも、建物に入った最初の一歩で、とてもいい予感がしたのを覚えています。商品が入っているプラスチックコンテナがきちんと積み上げられ、広げた段ボールが被せられていました。ゴミが入らないようにという配慮なのでしょう。醤油への接し方が感じられます。

6代目の鈴木良浩さんと洋子さん夫妻

仕込み場を案内してもらい、最初の〝いい予感〟が間違いではないことを確信しました。太陽のやさしい光が注ぐ仕込み場には、山積みの麹蓋。床もコンクリートできれいに整備されていて、蔵の中には8本の木桶が整然と並んでいます。麹蓋による麹造りと櫂棒(かいぼう)によ

仕込み場の室（むろ）の中には麹蓋が山積みされている

る攪拌（かくはん）。昔ながらの道具を使い、大変な手間がかかる手仕事からできる醤油は、表示に関する規約で正真正銘の「手造り」を名乗れる天然醸造醤油です。

木桶を改造した大豆の蒸し器は良浩さんの手製で、木桶の下から蒸気を入れて蒸す仕組み。「ゆっくり蒸すと大豆が甘くなる気がするんですよ」と言います。妻の洋子さんも、「大豆がかわいいんですよ。そのまま食べても、とってもおいしくて」。神奈川県出身で、「まさか福島県で醤油造りをするとは夢にも思っていなかった」と言いますが、その表情はとてもうれしそうです。

麹を造る「製麹（せいきく）」の工程にも、鈴木さんならではの工夫があります。「麹室の天井にある窓を開けて温度調整をします。七輪で炭を燃やし続けますが、麹を室に収めた直後は細かくしたリンゴの枝も一緒に燃やします。そのおかげで室の中を薬剤で消毒する必要はない。炭と煤の力はすごいですよね」。それにしても、なぜリンゴの枝なのか。疑問に思っていると、「うちはリンゴ農家でもあるんです。正直、醤油一本にしようか悩みました。でも、先祖から引き継いだ畑だったので……」

醤油蔵から車で5分。そこには青空に葉の緑とリンゴの赤のコントラストがきれいな光景が広がっていました。山間のリンゴ畑はまるで秘密の楽園のようです。

これからできる醤油は、きっとこの夫婦にしか造れない味わいになる。そんな期待をせずにはいられない醤油蔵です。

平右衛門

麹蓋による麹造りと櫂棒による攪拌作業、そして木桶による天然醸造。原点に立ち返った醤油造りを手がける若夫婦による傑作。

シイタケの網焼き

シイタケは決してひっくり返さないのがコツ。ヒダの部分に水分がじわじわとたまってきて、醤油を垂らすとよい香りが立ちのぼる。肉厚のシイタケが手に入ったら、このぜいたくな食べ方でぜひ味わって。

1. シイタケのカサの部分を下向きにして網焼きにする
2. ヒダの部分に水分がたまってきたら、「平右衛門」を垂らす

老舗蔵、年に一度の逸品醤油

タイヘイ

千葉県匝瑳市

元禄8(1695)年、現在の千葉県匝瑳市にあった「干潟八万石」に初代・太田平左衛門が入植し、酒造業を始める。明治13(1880)年に味噌・醤油醸造業に転換。蔵には元禄期から受け継がれてきた杉の木桶が100本以上並ぶ。濃口醤油のほか、ぽん酢醤油やそばつゆといった醤油加工品や焼肉のタレなど、さまざまな調味料を製造する。

〒289-2197
千葉県匝瑳市八日市場イ2614
TEL：0479-73-1111
www.taiheig.co.jp/shoyu
※見学可（要予約）

東京駅から電車で千葉駅へ、そこで銚子行きに乗り換えてさらに1時間。八日市場駅でおりてしばらく歩いていると、目的地はまだ少し先のはずなのに、大豆を蒸している香りが漂ってきました。この距離で感じるということは、相当な量の大豆を蒸しているなと心躍ります。

丁寧な手仕事が安心安全な量産を支える

「タイヘイグループ」というと、食材宅配サービスなどを手がける会社というイメージがありますが、実は知る人ぞ知る醤油の老舗です。

蔵の中を案内してくれたのは、醤油造りひと筋40年という伊橋弘二工場長。まず圧倒されたのは、目の前にそびえ立つ木桶の大きさでした。とにかく大きい。今まで見た中で一番の大きさです。

一般的な木桶は20石（3600リットル）から30石（5400リットル）で、高さにすると2メートルほど。それでも十分に大きく感じるのですが、ここに並ぶ木

大きな麹室（むろ）の中で、円盤式の製麹（せいきく）機が大量の麹を造る

桶の容積はざっと2倍の60石。しかも、それが１００本以上も整然と並んでいる光景は〝超〟がつくほどに圧巻で、ここでしか見ることができないはずです。

木桶が大きいということは、仕込みの量も多くなるということで、当然、圧搾される醤油の量も多くなります。このような蔵の場合、よく聞くのは大量生産による安売り競争の歴史。ただ、タイヘイの場合は少し違い、生活協同組合（生活クラブ）とともに歩んできた40年が、立ち位置を独特なものにしていると感じました。

生活クラブから求められるのは第一に「安全安心」。そして、高品質を保ちながら量産もしなくてはなりません。タイヘイの歴史は、相反する要素を実現するための試行錯誤の歴史だと思います。

そんなタイヘイには、薄暗く静まり返る蔵の中に「平左衛門」と書かれた札がついている木桶があります。創業125周年にあたる平成17(2005)年から始まった取り組みで、「香ばしい香りが重視されがちの大量生産の醤油とは一線を画したい」との思いから、年に1度だけ仕込まれる特別な醤油です。
原料は、山形県産の大豆、北海道産の小麦、長崎県産の海水塩。圧力をかけずに搾る「自然垂れ」を採用しています。一般的な醤油は自然垂れに加え、その後に圧力をかけて搾るものを混ぜ合わせ、瓶詰めしているのですが、それがこの醤油の場合、文字どおり「最初の滴」だけを集めているのです。搾りは毎年11月。年末限定で味わえるタイヘイの風物詩です。

この1本でこの料理

平左衛門

初代から受け継がれる名前を冠した醤油は、60石の大桶で1年に1度しか搾らない季節限定の特別銘柄。

マグロの山かけ

新鮮なマグロとすりたてのヤマイモ。シンプルな素材のものほど、丁寧に造られた「平左衛門」が特別なごちそうに仕立て上げてくれる。

1. マグロをひと口大に切る
2. ヤマイモの皮をむき、すりおろす
3. マグロの上にヤマイモをかけ、ワサビを添える
4. 「平左衛門」をかけ回して食す

地域の中の醤油屋として

笛木醤油

埼玉県比企郡川島町

寛政元（1789）年創業。江戸時代から川越藩の穀倉地帯として栄え、自然豊かな川島で醤油造りを始める。看板商品の「金笛醤油」は、昭和39（1964）年に開催された東京オリンピックの“世界で一番の金メダル”にあやかって名づけられたもの。ほかに減塩醤油や再仕込み醤油、だしの素やドレッシングなども製造している。

〒350-0152
埼玉県比企郡川島町上伊草660
TEL：049-297-0041
kinbue.jp
※見学可（要予約）

都心から車で1時間。圏央道の川島インターチェンジでおりると、田園風景が広がっています。さらに数分走ると突如、趣のある蔵が。笛木醤油の工場併設直売店です。裏手には越辺川が流れ、昔は原料や醤油を船で運んでいたそうです。

12代目の笛木吉五郎さんは、昭和55（1980）年生まれ。私にとっては同じ歳なので気さくに話ができる同級生のような存在です。第一印象は、そのインパクトあるがっちりとした体形。アスリートの経験があるに違いないと思い聞いてみると、かつてはサッカーに明け暮れていたそうです。かなりの腕前で、学生時代にはブラジルまで遠征。そこで見た現地の貧しい生活に衝撃を受け、海外に興味を持つようになり、アメリカのジョージワシントン大学へ留学したといいます。そして、そこで忘れられない出会いが。

笛木吉五郎さん（左）と品質管理を担う有田竜也室長

「うちの醤油が売られていたんです。それを知った友人が『これは誇りだろう？　おまえのミッションじゃないか！』と。その言葉にハッとしました」

家業を継ぎ、初めての現場入りで見たのは、麹を造る工程で、スタッフが自分の子どもに接するように丁寧に原材料を扱う姿でした。

「うちは決して規模が大きいわけでも、資金が潤沢にあるわけでもないけれど、スタッフは皆、会社と醤油を愛してくれている。それが伝わってきて、うれしかったんです」

厳選された丸大豆、小麦、天日塩のみを原材料とし、大きな杉の桶でゆっくりと発酵熟成させて

100年先を見越して地域の在来種の保護にも取り組む

醤油を造る。「機械化の逆方向に進みながら、自分たちでできることをやり続けることが、伝統を引き継ぐことだと思っています」と笛木さんは言います。

新しいことに挑戦する気風も代々受け継がれ、世の中が今ほど健康志向でなかったころから、「減塩醤油」の製造に着手。自ら開発した「金笛　胡麻ドレッシング」や「金

笛　春夏秋冬のだしの素」もロングセラーに。「自分が18歳のときに急死した父がよく口にしていたのは、『自分のポテンシャルは、地域や他人のために使え』という言葉。最近になって、親父の言いたかったことがわかるような気がしています」

平成25（2013）年からは「創業祭」と称して、地元の人たちに楽しみながら醤油に親しんでもらえるイベントを開始。現在では木桶仕込みの醤油造りを未来に伝えようと、桶職人を招いて吉野杉を使った新桶を製造したり、地域の在来種である大豆の種まきから収穫、醤油造りまで体験できるイベントを企画するなど、「豊かな食卓を未来につなぐ100年プロジェクト」をテーマにした取り組みに発展しています。

金笛減塩醤油

木桶で熟成させたうま味たっぷりの醤油をベースに、独自の技術で食塩だけを50パーセントカット。塩分制限の必要な人も満足できる。

・・・・・・・・・・・・・・

ホウレンソウおひたし

歯ざわりを楽しめるよう、ゆですぎないで。

1. ホウレンソウはよく洗い、沸騰した湯に塩ひとつまみを入れ、根元からゆでる。ザルに上げ、冷水にさらす
2. ホウレンソウを軽く絞り、食べやすい大きさに切る
3. 器に盛って鰹節をのせ、「金笛減塩醤油」をかけて食す

営業マンのパワーが新戦力に

福寿醤油

徳島県鳴門市

創業は文政9（1826）年。当時から変わらず、諸味（もろみ）の熟成に1年以上費やし、自然発酵により醤油本来の香りと深みのあるうま味を引き出している。国産の丸大豆と小麦、天日塩を杉の木桶で仕込み発酵させた無添加・無着色の濃口醤油をはじめ、再仕込醤油、淡口醤油、だし醤油、すだち醤油などの醤油加工品も製造している。

〒779-0303
徳島県鳴門市大麻町池谷字
大石８
TEL：088-689-1008
www.fukujyu1826.com
※見学可（要予約）

「お遍路さん」といえば四国八十八カ所、弘法大師ゆかりの寺院を巡礼することで知られていますが、その一番札所である霊山寺（りょうぜんじ）は、徳島県鳴門市にあります。そのすぐ近くにある福寿醤油。江戸時代後期の創業以来、国産大豆と小麦を使った天然醸造の醤油を造り続けています。

蔵の中に入ると、麹室（こうじむろ）が三つもある珍しい構造です。1日目に一つ目の麹室を使い、翌日は二つ目の麹室を使ってと、連日仕込みができる仕様。最盛期には、相当な量を手がけていたことがうかがえます。

9代目の松浦亘修さん

「小学生のころから、いつかは実家に戻ると思っていました」と社長の松浦亘修（のぶまさ）さん。大学卒業後、不動産会社の営業として大阪や東京といった大都会暮らし8年。「転機は30歳で結婚したとき」と振り返ります。「子育てをしている姿を想像したとき、思い浮かぶのは東京ではなかったんです。だって、自分が子どものころは、あそこの山を走り回っていたんですから」

創業190年の歴史が随所に感じられる蔵

指さす方向には、緑に覆われた山々が広がっていました。子どもにとって格好の遊び場になる自然あふれる環境は、大人でも遊びたくなるのだろうと思わせる魅力的な場所です。

福寿醤油のような歴史のある蔵で問題になりそうなことといえば、まずは代替わりのタイミング。特に、都会で働いた経験がある息子の立場から蔵を見ると、あれもこれも非効率的で改善の余地があると思ってしまいがちです。一方でそれは、先代の立場からすれば自らが何十年と継続してきたことであり、さらには地元のお客さんを第一に考えた結果でもある……そんな、ひと筋縄でいかない事例を、ほかの蔵でもよく耳にしていました。

ところが福寿醤油の場合、亘修さんが戻ると、父である先代の孝至（たかよし）さんからは「好きなようにやれ」と、たったひとこと。

「父は製造ひと筋で醤油造りにひたすら取り組んできました。その姿勢はこれからも変わらないと思います。だからこそ、自分に何が期待されているのか、なんとなくわかるつもりです」と亘修さん。「自分の蔵で造っている醤油のおいしさは、私自身がいちばんよく知っているつもりですから」

自社の魅力を熟知している営業マンのパワーが加わった福寿醤油。これからがますます楽しみな蔵です。

福寿醤油
二年仕込み

甘い醤油が好まれる四国にあって、際立つシンプルな味わい。杉の木桶で仕込み、すっきり仕上げている。

なめたけ

常備菜に重宝するなめたけ。しっかりした味わいの醤油なので、短時間で簡単に手作りできる。

1. エノキ（1袋）は根元を切り落とし、長さを3等分に切る

2. フライパンにエノキを入れて中火にかけ、酒（大さじ1）、味醂（大さじ2）、「福寿醤油二年仕込み」（大さじ2）を加えて混ぜ合わせ、少しとろみがつくまで炒り煮にする

いつでも誰にでも見せられる蔵に

宮醤油店

千葉県富津市

天保5(1834)年の創業以来、上総国佐貫藩1万6千石の城下町で醤油醸造を続ける。房総の温暖な気候と良質な水で、人工的な温度管理をしない天然醸造方式の醤油を製造。年間製造石数は2000石(36万リットル)と小規模ながら、全国醤油品評会などでの評価は高い。濃口醤油のほか、地元産の夏ミカンを使った「夏柑ぽん酢しょうゆ」など醤油加工品も製造している。

〒293-0058
千葉県富津市佐貫247番地
TEL:0439-66-0003
www.miyashoyu.co.jp
※見学はお問い合せください。

千葉県といえば、醤油の生産量は日本一。今でこそ大手メーカーによる醤油造りのイメージが強いですが、昭和初期には４００もの蔵がひしめいていました。それが、今では10軒余りに。「気づけば県内でいちばん南に位置する醤油蔵になってしまいました」と、社長の宮敬一郎さん。木桶が並ぶ蔵の中を案内しながら、こんなふうに昔ながらの製法が残っているのは、「たまたまです」と言います。

6代目の宮敬一郎さん

もう何十年も前のこと。取引のある自然食品店が倒産して、債権者や関係者が資産の差し押さえに殺到したことがあったそうです。そこに宮醤油店の先代社長が到着。ほかの債権者や関係者は店舗に残っている資産の差し押さえに躍起になっていて、「こんなに遅く来ても何も残っていないよ！」と言われる始末。それに返して、先代は「自分は取り立てに来たんじゃない。今まで世話になったのだから、あいさつに来ただけですよ」。

「いつでも見せられる」日ごろの管理が醤油の品質につながる

その言葉に、殺気立っていた関係者たちは我に返り、一時解散になったそうです。

そのことを自然食品店の社長さんに感謝され、「お礼に」と発足間もない生活協同組合(生協)を紹介されました。当時はまだ会員数も少なかったそうですが、やがて増加すると宮醤油店にとって安定供給できる流通経路となりました。その後、大量生産の時代を迎え、同業者は安売り競争に巻き込まれて廃業していく中で、〝安心・安全な食品〟を求める生協の発展とともに、醤油の品質を守り抜くことができたのです。

食への厳しい目を持つ生協の会員たちから

は、宮醤油店が造る醤油の価値を認めるにつれて「実際に製造現場を見たい」という声が出てきました。その声に応え、定期的に蔵見学を実施。気づけば、年間を通して見学者を受け入れるようになっていたのだとか。「いつお越しいただいても、蔵の中を見せられるようにしています」と宮さんは言います。

いつでも見せることができる製造現場を維持することは大変でも、慣れてしまえばそれが日常になる。「人に見られると思うと、自然と掃除にも力が入ります」

人気の秘密は、日々の地道な営みにもあるのです。

かずさむらさき 丸大豆しょうゆ

味と香りのバランスがよい、老舗の正統派濃口醤油。

ヒジキの炒り煮

常備菜やお弁当に活躍する“おふくろの味”

1. 乾燥ヒジキ（40グラム）は戻して洗う
2. 油揚げ（1枚）、ニンジン（1/2本）、シイタケ（2枚）、コンニャク（1/2枚）は千切りに
3. 鍋にサラダ油を少し入れ、**1**と**2**を軽く炒め、だし汁（300ミリリットル）、砂糖と味醂（各大さじ2）、「かずさむらさき　丸大豆しょうゆ」（大さじ4）を加えて煮る

ヤマヒサ

香川県小豆郡小豆島町

昭和7(1932)年創業。醤油のほか、化学肥料や除草剤を使用しないオリーブを栽培し、オリーブオイルも製造している。明治33(1900)年建造、昭和24(1949)年移築の「西諸味(もろみ)蔵」、昭和7(1932)年建造の「北諸味蔵」は文化庁登録有形文化財。濃口醤油、淡口醤油のほか、オリーブの花の酵母で仕込んだ「花醤(はなびしお)」など醤油加工品も製造している。

〒761-4411
香川県小豆郡小豆島町安田甲243
TEL：0879-82-0442
yama-hisa.co.jp
※見学可（要予約）

4代目の植松勝久さん

今でこそ耳にする機会がある「オーガニック醤油」。その先駆けともいえるのが、香川県小豆島にあるヤマヒサです。

国産有機JAS規格の認証を受けるためには、自社工場が認証を受けることに加え、原料の調達先も認証を受けている必要があります。条件を満たす原料生産者は限られるので、調達コストもそれなりにかかります。

オーガニック醤油を造ったきっかけを聞くと、「醤油造りにおいては生産者ですが、そのほかは消費者ですからね」と、社長の植松勝久さん。「自分たちが家族に安心して食べさせることのできる〝本物の味〟を追求しているんです」と説明してくれました。

これぞ、ヤマヒサの醤油造りのスタンスです。

奥行きのある蔵の中に足を踏み入れると、木桶と木桶が密集して配置され、整然と並んでいます。その数150本以上。木桶仕込みの醤油蔵が集まっている小

これらのタンクの中で大豆が蒸される

豆島ならではの規模とはいえ、これほどの数の木桶を保有する蔵元は全国屈指。原料処理も自社で一貫して手がけ、木桶の中では諸味(もろみ)が天然醸造でじっくり熟成の時を過ごしています。

もう一つ、ヤマヒサの顔になっているのがオリーブオイルです。国産のオリーブオイルの産地としても有名な小豆島では、島のそこかしこにオリーブの木が。その品質は世界的にも評価されているそうです。

ヤマヒサの丁寧なものづくりの姿勢は、ここでも健在。収穫したオリーブをいかに早く適切に搾るかが、オイルの品質の分かれ目だと知ると、自前で圧搾機を備えてしまいました。ベストなものづくりへの追求は、醤油同様、徹底しています。

醤油とオリーブオイルの両方を手がけているからこそ生まれた商品があります。醤油造りに欠かせない微生物の一つである酵母菌を、オリーブの花から採取して醸造した醤油です。有効な酵母菌を採取できるまでに4年もの年月を費やし、平成25（2013）年秋に完成。「花醤」と名づけられたその醤油は、早くも小豆島を訪れる観光客に人気の土産物になっています。

有機しょうゆ

有機栽培の大豆・小麦を原料に、ふた夏かけてじっくり熟成。

鶏とダイコンの煮物

鶏肉のうま味と醤油の味がしっかりしみ込んだダイコンは絶品！

1. ダイコン（1/2本）はひと口大の乱切りにして水から下ゆでする
2. ニンジン（1/2本）も乱切り、鶏もも肉（1枚）はひと口大に
3. 鍋に油を熱して鶏肉を炒め、ダイコン・ニンジンを加えて水をひたひたに入れる
4. 「有機しょうゆ」（大さじ3）、砂糖（大さじ2）、味醂・酒（各大さじ1）を加えて煮る

進取の気性と信念と

弓削多醤油
埼玉県坂戸市

1800年代初めに親戚が醤油業を始める。農業に携わっていた初代・弓削多佐重は醸造業に興味を持ち、親戚より設備や杜氏を丸ごと迎え入れ、大正12(1923)年に本格的に醸造業を開始。国産の丸大豆、小麦、天日塩を原材料に、濃口醤油、「吟醸純生しょうゆ」「重ね仕込み生揚げしょうゆ」「しぼりたて生醤油」ほか、めんつゆなども製造している。

〒350-1201
埼玉県日高市田波目804-1
TEL：042-985-8011
www.yugeta.com
※見学可
本社：埼玉県坂戸市多和目475

醤油造りは「一麹、二櫂、三火入れ」との格言があるように、麹造りが最も大切だといわれます。「よい麹を造るには、大豆の蒸しがとても重要」と言うのは、弓削多醤油の弓削多洋一さん（右ページ写真右）。左はともに蔵を支える弟の眞寿さん）。自らが社長業とともに杜氏業もこなし、大豆蒸しの段階から最前線で陣頭指揮をとっています。海外出張に出る朝も4時から大豆を蒸して、そのままスーツに着替え、空港に向かうことも。熟成の期間も含めると1年以上の時間をかけて造る醤油。そのいちばん大切な工程である大豆蒸しを自らが担当することで、「すべてに自分が責任を持つ」という強い意思を感じます。

埼玉県日高市に広がるのどかな田園風景の中を車で走り、「醤遊王国」という見学施設を兼ねた仕込み蔵に到着。1階の直売店を横目に階段を上がると、名物の醤油ソフトクリームや卵かけご飯を楽しむ観光客の姿でいつもにぎわう飲食スペースがあります。ガラス張りになっている壁の向こうには醤油が仕込まれている桶が並び、熟成期間の異なる諸味が個性的な表情を見せています。

「工場見学を始めます！」という声についていくと、大豆や小麦などの原料処理を間

埼玉県坂戸市にある本社

近に見ながら、日本の大豆事情も交えた流暢な解説。この20分ほどのツアーを1時間ごとに開催しているので、ここでは予約不要で醤油蔵見学をすることができます。

昭和から平成（1989年〜）に入ったばかりのころ、弓削多醤油の業務は油やジュースなどの販売を含めた問屋業の割合が多かったそうです。4代目として家業を引き継いだ弓削多洋一さんは、原点である醤油造りに立ち返る決意をします。「醤油は食品なので安心して口に入れられるものでなくてはいけない。醤油は調味料なのでうまくなければ意味がない」との信念で、国産の原料を使用した木桶仕込み醤油に真剣に向き合い始めました。

そして、醤油をもっと身近に感じてもらうため、工場見学だけでなく、食べたり遊んだりしながら気軽に楽しく醤油造りを体験できるようにと、平成18（2006）年に醤油のテーマパーク「彩の国　醤遊王国」をオープン。当時の醤油業界では珍しい試みで、多くの同業者が見学に訪れました。

数年前、小豆島のヤマロク醤油（132ページ参照）の山本康夫さんが新桶製造への挑戦を始めた当初から関心を持っていた弓削多さん。できあがった桶を前に、「1本購入して、うちで醤油を仕込みます！」と申し出ました。こうして、ヤマロク醤油が挑戦した新桶のうちの1本は、弓削多醤油にあります。

常に新しいことに果敢に挑戦しながら、醤油造りの基本の部分は決して手を抜かない。弓削多さんは私が大きな信頼を寄せる造り手の一人です。

木桶仕込み しょうゆ

埼玉県産大豆と小麦を使用して、杉の木桶で約１年間仕込む。

・・・・・・・・・・・・・・

シャケの照り焼き

朝食やおにぎりの具として定番のシャケも、照り焼きにすると、また格別。

1. シャケ（4切れ）に酒（小さじ2）、「木桶仕込み」（大さじ1）で下味をつける
2. 油をひいたフライパンで焼き、酒、味醂（各大さじ2）、砂糖（大さじ1）、「木桶仕込みしょうゆ」（大さじ3）を混ぜ合わせて回しかける
3. 皿に盛り、大根おろしを添える

醤油の種類

「ステーキなら赤ワイン、白身魚には白ワイン」とは、よくいわれる相性のよい組み合わせ。実は醤油にも相性があります。ですから、「どの醤油がおすすめ?」という質問にはとてもひとことでは答えられず、いつも悩んでいます。

「職人醤油」では醤油を6種類に分類しています。最も流通量が多い濃口醤油を基準に、下図の右側は濃くてうま味が多く、左側は見た目が淡くてしょっぱい醤油。この5種類に加え、JAS規格では濃口醤油とされる九州や北陸の甘口醤油を分類し、全部で6種類というわけです。

濃厚でうま味の多い醤油が万能かといえば、ウナギのタレには相性抜群でも、ダイコンの煮物だと真っ黒になってしまい見た目はいま一つ。先のワインの例でいうと、赤ワインと相性のよい素材には右側の醤油、白ワインの場合は左側の醤油とイメージすれば、使い分けしやすいように思います。

素材を活かす
色が淡いほど、しょっぱい
煮物やお吸い物など
素材の風味や彩りを生かす

甘い醤油は地域の味
(好き嫌いが分かれる傾向も)

万能タイプ
(一般的な醤油で流通量多い)

濃厚な味わい
熟成期間が長い
色が濃いほどうま味が強い
うま味や香りを足したい素材に

白醤油	淡口醤油	甘口醤油	濃口醤油	再仕込醤油	溜醤油
ムニエルソース	お吸い物	おかかおにぎり	目玉焼き	ステーキ	納豆

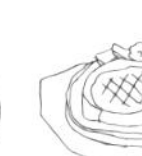

淡口醤油（うすくち）

素材の持ち味を生かす

西日本で多く使われている醤油。繊細な食材を中心とする京都の精進料理や懐石料理には欠かせない。素材の彩りやだしの風味を生かしたいときに。

！ポイント

塩分が高めなので少量で塩味がきいてくる。素材の持ち味を生かし、色をきれいに仕上げる。

醤油を知り尽くした職人の淡口（うすくち）

片上醤油
奈良県御所市

　昭和6(1931)年創業。地元・奈良県産の大豆を主原料に杉の大桶を用い、自然発酵熟成する天然醸造の手法で無添加・無調整の醤油を造る。うま味重視の「うすくち天然醸造醤油」をはじめ、重めでしっかしりた味わいに仕込んだ濃口醤油、濃厚な再仕込醤油、溜醤油のほか、「青大豆醤油」や年末限定の「焼きもち醤油」など醤油加工品も製造している。

〒639-2318
奈良県御所市森脇329
TEL：0745-66-0033
www.asm.ne.jp/~soy
※見学可（要予約）

奈良県には、他県と比べて多くの醤油蔵が残っています。どのような蔵があるのかインターネットで検索していると、手作り感にあふれながらもマニアックな情報を掲載している蔵元を発見。それが片上醤油でした。

なんと、家庭での醤油の仕込み方がやたらと詳しく書いてあるのです。「大豆は一晩水に浸した後、圧力鍋で1時間以上、普通の鍋なら8時間以上煮てください」と始まり、麹(こうじ)造りの時間経過に応じた対応の仕方などをこと細かに解説。極めつけは「麹菌が手に入らないときはご連絡ください。お送りします」という記載です。

「これは、ちょっと違うぞ」と感じ、ぜひ訪ねてみたくなりました。

醤油を語らせたらエンドレスの片上裕之さん

いつものように約束もなしの飛び込み訪問。カーナビに誘導され、大通りから小道を進むと右手に川が流れ、左手に黒い板張りの建物が見えてきました。「この色は醤油っぽいな」と思っていると、案の定、看板には「片上醤油」の文字。ホームページに「山麓の静かな里にある小さな醤油蔵です」とあったとおりのイメージです。扉を開けると、事務所の奥で机の下に潜り込み、ゴソゴソと何か作業している人がいました。

「ちょうどパソコンの調子が悪くなってしまって」と汗だくで顔を上げたのが、代表の片上裕之さん。突然の来訪をわびながら、「職人醤油」というサイトを運営している旨を告げると、「ああ、知ってますよ！」と大きな声が返ってきました。「タイミングが悪そうなので、またあらためて……」と言いかけると、「いえいえ、大丈夫です」と笑顔。温厚な人柄が印象的な出会いでした。

ここでは濃口・淡口・再仕込・溜と、4つの異なる醤油を手がけています。それぞれに仕込みや管理方法が違う4種類もの醤油を手がけることは、大手メーカーならともかく小規模な蔵では珍しいことです。それに加えて、片上さんの造る醤油には特徴があるのです。

色の淡さを大切にする淡口醤油の場合、基準となる濃さの見本があり、「この色からこの色までの間でなくてはいけない」と定義があります。醤油は熟成期間が長くな

醤油がしみ込んでいるかのようなたたずまい

るほど色が濃くなりますから、一般的に淡口醤油を造るときには塩分濃度を高くしてできるだけ短期間で仕上げ、うま味成分は低めに抑えるものです。

ところが片上さんの場合、定義に入るギリギリの色を保ちながら、「うま味はできるだけ高い淡口醤油」を目指します。再仕込醤油に至っては、とにかく濃厚。ほかにも青大豆を原料にした醤油や、自分が満足することだけを追求したという「自家用たまり」という醤油まであります。

1種類だけでも大変なのに、なぜそこまでやるのかと尋ねると、「私、食いしん坊なんですよ」とひとこと。そこには、自分が「おいしい」と感じる醤油をひたすら追求する姿勢がありました。

食いしん坊を自認する片上さんを信頼して、相談を持ちかける飲食店も多いのですが、ひと筋縄でいかないのもまた片上さんです。

あるラーメン屋さんから、「こんな素材を使っていて、こんなスープにしたくて……」と、あれこれ要望があり、それに合わせて最適な醤油はどれかと質問を受けたときのこと。冷静に状況を分析し、「それなら醤油のランクを一つ落としてみては」とアドバイス。その心は、「こだわりや個性的なものだけをかけ合わせてもダメ。料理はバランスである」というわけなのですが、ここで自分の醤油を勧めないのがまた片上さんらしいところです。

「原料の時点で100点。蒸した直後の大豆は本当によい香りがする。そこから麹を

地元・奈良県産の丸大豆は蒸すとよい香りがする

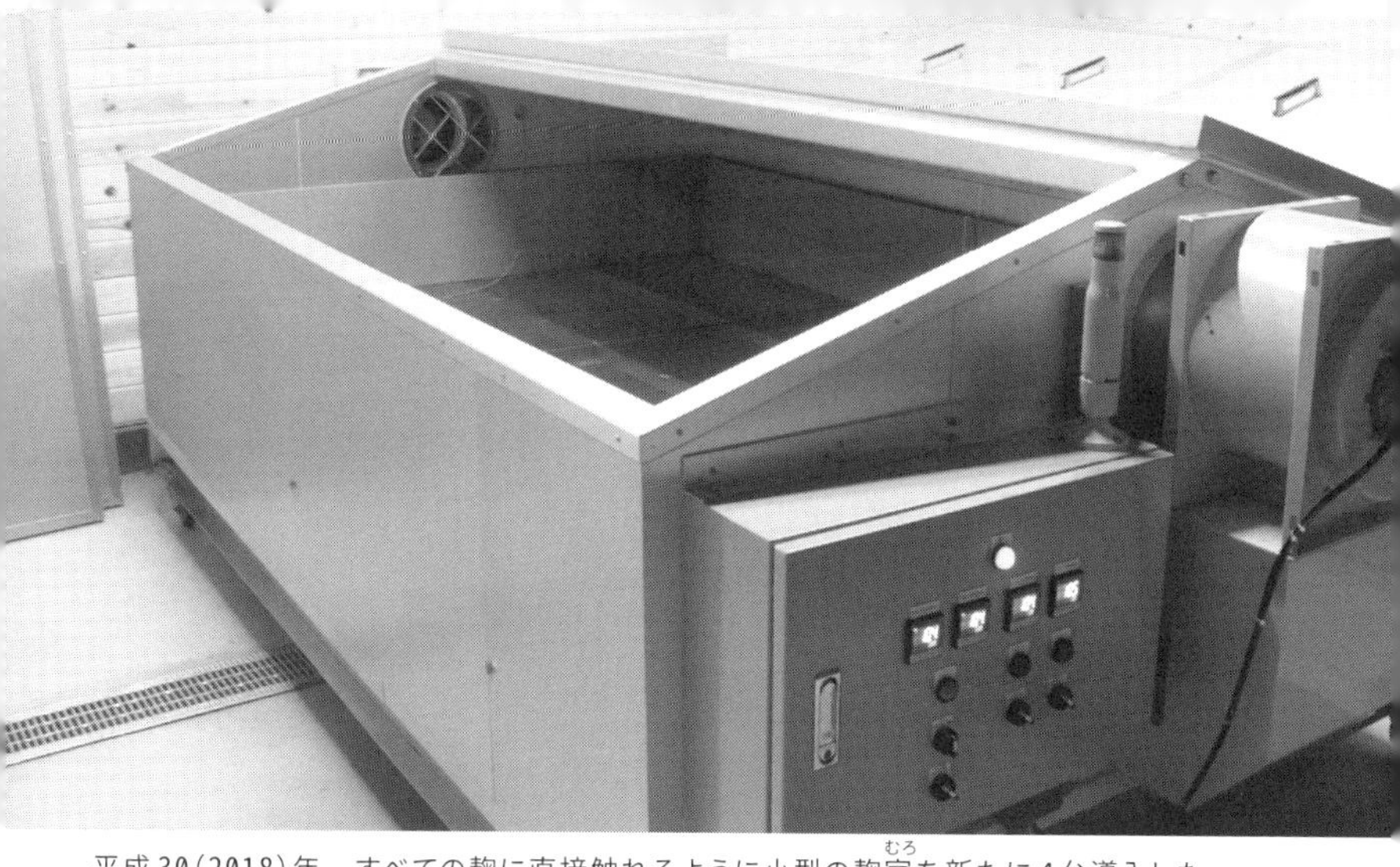

平成30(2018)年、すべての麹に直接触れるように小型の麹室（むろ）を新たに4台導入した

造り熟成させていくが、一度、減点になると加点することはできない。当たり前の作業を繰り返して、やっと点数が維持できる」

醤油造りは減点法――その言葉に、片上さんの醤油造りの哲学を感じました。

全国の醤油生産量の8割は脱脂加工大豆が原料で、丸大豆を使っているのは残り2割という現状の中、地元・奈良県産の丸大豆を使って醤油を仕込む。それは大々的にアピールできるはずなのですが、ご本人は「脱脂加工大豆は全然ダメじゃないですよ！」とキッパリ。脱脂加工大豆のメリットもデメリットも知り尽くしているのです。

では、なぜ地元産の丸大豆にこだわるのか？

そう聞くと、「お客さんに〝この豆を使っています〟とお見せできるもので造りたいんですよ」と答えてくれました。

そんな片上さんの「醤油の仕込み教室」は大人気。最初は取引先からの依頼で開いたそうですが、これが大好評。「仕込み後の搾り方教室も開催してほしい」、さらには「来年はもっといいものができそうだから続けてほしい」と、要望が絶えません。さらにその噂を聞きつけた他団体からも開催してほしいと、今では引っ張りだこです。

それもそのはず。醤油に限らず職人さんは口下手な人が多いものですが、片上さんの話はとにかく面白い。

たとえば、醤油を搾るときの説明。普通なら「ものすごく大きな圧力をかけて絞ります」と言うところ、その力を計算して身近なものに例えます。いわく、「A4サイズの紙に軽自動車を載せるくらいの力」といった具合。そんな〝片上節〟を存分に堪能できる蔵見学は、いつも多くの見学者でにぎわいます。

「よいものを造っていればいい時代ではない。話して、わかってもらうことが大切」と片上さん。重ねて、「人さまを蔵の中に案内するとなると、いつ見られてもいいように掃除する。だから、結局は自分のためなんですよ」

確固たる信念を持つ謙虚な食いしん坊。だから、片上さんの造る醤油は味わい深いのだと思います。

うすくち 天然醸造醤油

「色は淡いがうま味は少ない」という淡口醤油の弱点を克服し、濃口級の味わいを実現。

ミズナのサラダ

ワサビとの相性がよく、味わいがしっかりした「うすくち天然醸造醤油」ならではのレシピ。

1. 「うすくち天然醸造醤油」(大さじ2)とワサビ適量を混ぜる
2. ミズナ(1束)を洗い4〜5センチに切る
3. 油を切ったシーチキン(1缶)に**1**と**2**を混ぜ合わせる
4. 器に盛り、刻み海苔とゴマを振る

末廣醤油

兵庫県たつの市

明治12(1879)年創業。瀬戸内特有の穏やかな気候と播磨平野の緑豊かな自然の中、清流・揖保川の伏流水を用いて、国産の大豆と小麦を原料に伝統的な製法で天然醸造の醤油造りを続けている。淡口(うすくち)醤油のほか、濃口、再仕込や、天然醸造醤油を直接スモークした燻製醤油、ぽん酢醤油、醤油麹などを製造販売している。

〒679-4173
兵庫県たつの市龍野町
門の外13
TEL：0791-62-0005
www.suehiro-s.co.jp
※見学可（要予約）

平成28（2016）年にオープンした「職人醤油」東京・松屋銀座店のスタッフは皆、東京在住の新しいメンバーで、食に興味はありながらも醤油に関しては素人。「職人醤油」で扱う約80種類の商品名を覚えるだけでも大変です。

そこで、たった一つ決めたのは、「自分の好きな醤油を見つけて、自分の言葉で説明しよう」ということ。オープンから3年が経って、月間売り上げランキングのトップ5の常連なのが、末廣醤油の「淡紫（うすむらさき）」という淡口醤油です。

末廣醤油があるのは、淡口醤油の主産地である兵庫県たつの市。初めてこの地を訪れたのは、肌寒い時期でした。淡口醤油を求めてあてどもなく歩いていると、「播磨の小京都」と呼ばれる美しい城下町の家屋敷や白壁の土蔵が多く残る町並みの中に、淡口醤油の代表的企業として知られるヒガシマル醤油が運営する「うすくち龍野醤油資料館」を見つけました。そこで話を聞くと、近くに丸大豆から仕込みを

「手間をかけておいしい醤油を造りたい」と語る末廣卓也さん

している醤油蔵があるというので、その足で行ってみることに。それが、末廣醤油でした。

一見すると、城下町の町並みにとけ込んでいるたたずまいの建物。それが一歩中に入ると、奥へ奥へと工場が広がっていて、出荷を待つ商品がたくさん積まれています。フォークリフトが走っている光景に、外観の印象とのギャップの大きさを感じます。

資料館から紹介されてきたと事情を説明すると、「ちょうど社長がいますから」と案内されて事務所の中へ。ガチャンと昔ながらの木戸のガラスが揺れる音を聞きながら靴を脱ぐと、石油ストーブの香りが心地よく、年季を感じさせる来客用のソファーもきれいに手入れされています。

突然の訪問にもかかわらず快く対応をしてくれた社長の末廣卓也さんに、群馬県から来たと伝えると、「私も取引先がある長野県まで車で行くことがありますが、さらにその先ですか。すごいですねぇ」と、低姿勢でやさしい口調。職人というより、印象は紳士そのものです。

天然醸造なのでその年の気候によって仕込み期間が異なる

現在、小規模の蔵元の多くが共同工場で造った生揚(きあげ)醤油を仕入れて、最終工程だけを自社で行っています。しかし、末廣醤油の場合、自社で原料から仕込み、天然醸造の淡口醤油造りを続けています。そのきっかけを尋ねると、思いもよらぬ背景がありました。

昭和40(1965)年ごろのこと。「無添加の醤油を造ってほしい」と依頼主が持ち込んだのは、国産の大豆や小麦だったそうです。当時は、脱脂加工大豆を原料に添加物を加えるのが一般的な製造方法。設備も製法も見直さないと受け入れできない状態でしたが、一つひとつの課題に向き合いながら対応したそうです。

常にきちんと片づけられている仕込み場

その後、地域に共同工場の建設計画が持ち上がります。しかし、その設備は脱脂加工大豆用のもの。「丸大豆の仕込みには対応できないから、それは自分のところでやってよ」と言われ、自社生産がずっと続いてきたというのです。
「丸大豆に関しては仲間に入れてもらえなかった。それで、結果的に設備もノウハウも継承し続けることができたのだから、今思えばラッキーなんですけれどね」と笑います。

そんな淡口醤油をもっと多くの人に使ってもらうにはどうしたらよいのかと、末廣さんが考え続けていたある日のこと。
「ある料理屋さんで、醤油ではなく塩をかけて食べさせている様子を目にしたのです。なんてことのない光景ですよね。塩で食すと素材の味がよくわかる。あぁ、そうだ、淡口醤油は素材の味を最も感じてもらえる醤油になるのではないか」

料理に使うものとされてきた淡口醤油を、つけ醤油として使っていただく――。淡口醤油の前提を変えるような逆転の発想でした。

そこからまた淡口醤油のきれいな色は保ったまま、塩辛さを少し抑えるための試行錯誤が始まり、結果的には米麹（こうじ）を使うことに。地道に改善と工夫を続けながら、表立って主張しない淡口醤油。その姿勢は、末廣さんにもこの蔵にも共通しているように感じます。

淡紫

かけ醤油として使いたい淡口醤油。素材の風味や味わいを引き立てるので、ひと味違う味わい体験になるはず。淡口特有の塩辛さを米麹でまろやかに仕上げている。

とっておき豆腐のシンプル奴

たまにはぜいたくをして、ちょっとおいしい豆腐を食べたい――そんなときは思いきってシンプルに、この「淡紫」だけをかけてみて。

1. おいしい絹ごし豆腐を器に盛る
2. 「淡紫」をかける

京都の味を支える〝花咲か爺さん〟

澤井醤油本店

京都府京都市

明治22（1889）年創業。京町家の店は、国と京都市から景観重要建造物に指定されている。大釜など昔ながらの道具を使い、淡口（うすくち）醤油をはじめ、再仕込醤油、だし醤油などの醤油加工品、京もろみを製造。生の醤油に再び大豆と小麦を加えて2年間熟成させる「二度熟成醤油」、淡口醤油の「都淡口」などを通して、京の料理界に多大な貢献をしてきた名店である。

〒602-8072
京都府京都市上京区中長者町
通新町西入仲之町292
TEL：075-441-2204
sawai-shoyu.shop-pro.jp
※時季により見学可能（要予約）

京都の中心部にある澤井醤油本店。京都御所にほど近く、新町通りと中長者町通りの角にある店は、間口が狭く奥に細長い京町家造りになっています。入り口には、「マルサワ もろみ」と書かれた人の背丈くらいある大きな木製の吊り看板。店内はきれいに石畳が敷き詰められ、その横に木桶が並んでいます。仕込みに使う木桶は、間口が狭く奥に細長い京町屋の構造に合わせ、上から見ると円ではなく前後に細長い楕円形で「京細」と呼ばれる京都独特のものです。

5代目の澤井久晃さん

出迎えてくれた専務の澤井久晃さんに案内され、店舗から奥に進むと雰囲気ががらりと変わります。まずは、和釜が設置されている仕込み場。大豆を蒸したり醤油に火入れをする空間です。さらに奥に進むと、右手に発動機、左手に階段があり、そのまま2階に上がると麹室(こうじむろ)。京町家の限られたスペースを生かした珍しい構造です。1階の発動機にはたくさんのベルトがつながれていて、各所に動力を伝えています。

店を入るとすぐに石畳の上に整然と並ぶ木桶が見渡せる

炒られた小麦はその力で2階に運ばれますが、煮た大豆は人力で持って上がるそうです。

実はこの澤井さん、日仏合作ドキュメンタリー映画『千年の一滴 だし しょうゆ』に出演しています。「枯れ木に花を咲かせましょう〜」と口ずさみながら、種麹を混ぜた小麦をまくスローモーションのシーンを覚えている方も多いのではないでしょうか。

蔵にすみついている麹菌を大事に守り、昔ながらの道具を使い、頑固に守り続ける味。その手法などはすべて口伝で受け継がれるそうです。創業以来のこだわりのある高品質な醤油造りは、多くの老舗京懐石料理店から支持されて

この1本でこの料理

都淡口

料理に使うと味わいが際立つ。煮物やクリームシチューの隠し味にも。

サトイモ団子のお吸い物

だしの風味と具材の彩りを生かすお吸い物は「都淡口」の本領発揮。

1. サトイモ(400グラム)は皮をむいてゆで、つぶす。片栗粉(大さじ4)、卵白(大さじ2)、塩(小さじ1/2)、「都淡口」(小さじ1)を加えて混ぜ合わせる
2. だし汁(800ミリリットル)に「都淡口」(大さじ2)、塩少々を加えて煮立て、1を丸めて3分ほどゆでる。器に盛り、ミツバを添える

京町家造りの蔵

おり、まさに京料理の縁の下の力持ち的な存在に。

このように書くと「格式が高くて訪ねにくい蔵」と思われるかもしれませんが、澤井さんは、ひたすらお客さんに満足してもらえる醤油を造る〝花咲か爺さん〟のような人。柔和な笑顔が似合う職人さんです。

正金醤油
香川県小豆郡小豆島町

大正9(1920)年創業。当時から仕込みに使っている杉の木桶で天然醸造醤油を造る。平成14(2002)年には、古くから親交のあつかった山吉醤油の蔵を引き継いだ。淡口(うすくち)、濃口、再仕込の各種醤油をはじめ、鰹節や煮干、昆布など天然の材料を煮出して造るつゆやだし、高知県産のユズや徳島県産のスダチを合わせたぽん酢醤油などの醤油加工品も製造している。

〒761-4426
香川県小豆郡小豆島町
馬木甲230
TEL：0879-82-0625
shokinshoyu.jp
※見学可（要予約）

訪問したのは夏の暑い時期。木桶の並ぶ蔵の中はサウナ状態で、10分も話をしていると全身汗だくになります。そこから外に出ると、真夏の太陽が照りつけているのに涼しく感じてしまう。そんな不思議な感覚を今でもよく覚えています。

正金醤油があるのは、醤油の産地として知られる香川県の小豆島。山吉蔵、西蔵、東蔵と呼ばれる複数の蔵の中には桶が１１２本あり、日本屈指の保有数です。蔵に入り階段を上がっていくと、醤油の醸し出すふわっとやさしく心地よい香りに包まれます。そこには、ともすれば古い蔵にありがちな鼻につくカビ臭さがありません。理由は、蔵の2階を見て納得しました。木製の床や桶がきちんと管理されていて、ニスが塗ってあるかのように光沢があるのです。

醤油の元となる諸味(もろみ)を熟成させるためには、定期的にかき混ぜる攪拌(かくはん)作業が欠かせません。そのときには諸味のはね返りが必ず生じるものなのですが、それらを毎回毎回ふき取っている

いつ訪ねても藤井泰人さんの
謙虚な姿勢は変わらない

ことがわかります。

「すごいですね！」と伝えると、「うちなんか、まだまだです」と4代目の藤井泰人さんは、とことん謙虚です。全国ネットのテレビ取材の依頼が来ても、「うちより立派な蔵元さんはたくさんありますから」と断ってしまったというエピソードからもうかがえるように、私の知る限り、いちばん謙虚な職人さんかもしれません。

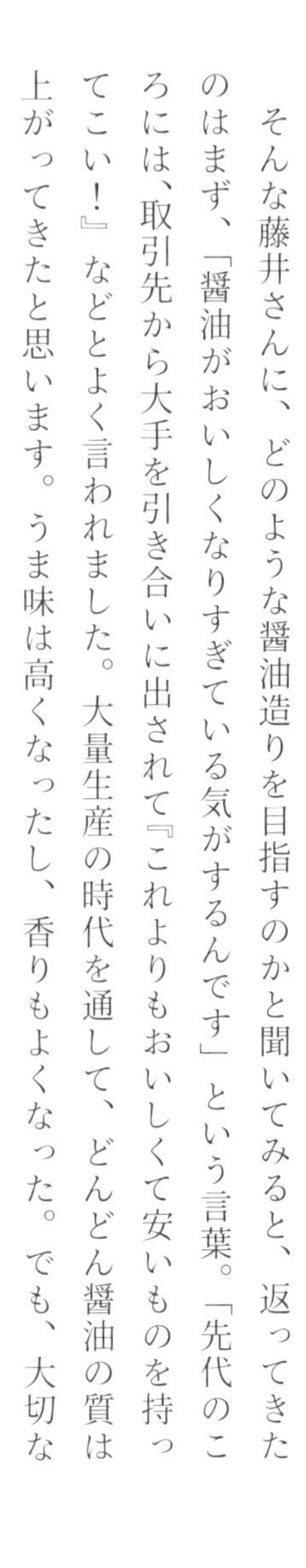
徒歩圏内に複数の蔵を持つ

そんな藤井さんに、どのような醤油造りを目指すのかと聞いてみると、返ってきたのはまず、「醤油がおいしくなりすぎている気がするんです」という言葉。「先代のころには、取引先から大手を引き合いに出されて『これよりもおいしくて安いものを持ってこい！』などとよく言われました。大量生産の時代を通して、どんどん醤油の質は上がってきたと思います。うま味は高くなったし、香りもよくなった。でも、大切なのはバランスだと思うのです。うま味が強すぎて濃い醤油は、料理好きな方からは敬遠される気がするんです」

そう話す藤井さんですが、正金醤油の淡口醤油は、うま味を計る指標となる全窒素分が1・5パーセントをこえていて、一般的な基準ではかなり高い値です。このうま味レベルでありながら、絶妙のバランス。これぞ、相当に高度な経験知のなせる技です。

それでも、満足せずに謙虚な姿勢を崩さない藤井さん。こういう人が造るから、正金醤油の醤油は真面目でとてもやさしい味わいがする。「正金さんの醤油じゃないとダメ！」。そんな熱烈なファンが多い理由が、あらためてわかりました。

天然醸造 うすくち生醤油

火入れ処理をしない生タイプ。塩辛さとうま味のバランスが絶妙。

サツマイモの煮物

和風料理と相性のよい「天然醸造　うすくち生醤油」は、味も色も少し濃い目。いつもより控えめに使うくらいでほどよい味わいに。

1. サツマイモ（1本）を食べやすい大きさに切り、水にさらしてアクを抜く
2. 鍋に**1**とひたひたの水・砂糖（大さじ2）を入れて煮る。やわらかくなったら「天然醸造　うすくち生醤油」（大さじ1）で味つけして仕上げる

豆腐と醤油

ときどき、利き酒ならぬ「利き醤油セミナー」を開催しています。醤油を味見してもらい、その解説をする90分ほどの内容で、試食をしたり参加者同士で感想を話し合ったりするワークショップ形式。その中でも特に盛り上がるのが、豆腐と醤油の味比べです。

1丁300円程度の豆腐と、100円以下の豆腐を用意。まず、どちらがいくらの豆腐かは明かさずに、そのまま味わっていただきます。すると、300円のほうは「大豆の味を感じる」「ほのかな甘さを感じる」など、醤油をかけなくてもおいしいという反応が。次に、300円の豆腐に淡口（うすくち）醤油と溜醤油をかけ、どちらがおいしく感じるかを比べてもらうと、圧倒的に淡口醤油が人気です。ところが、100円の豆腐の場合、おいしく感じるのは溜醤油。豆腐の種類によって醤油を変えると、よりおいしく味わえるのです。

溜

普通の絹豆腐

濃厚なうま味たっぷりの醤油が豆腐を包み込み、甘みも感じる味わいに

淡口

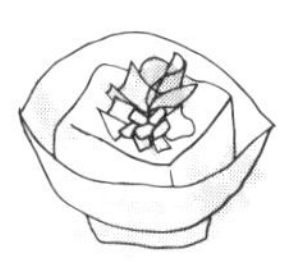

おいしい絹豆腐

塩だけで食べたいような豆腐に。しょっぱさのある醤油が豆腐のもつ甘みをぐっと引き立てる

再仕込醤油

つけ醤油のぜいたくな味わい

一度できあがった生揚(きあげ)醤油に麹(こうじ)を入れて、再度、仕込む。熟成期間が長く、まろやかで濃厚な味わいから「甘露醤油」と呼ばれることも。

！ポイント
刺し身のほか、ソースの代わりにフライや肉料理にも。料理の隠し味や煮物の仕上げに少量加えると、うま味が増す。

信念が支える〝田舎の香ばしさ〟

大久保醸造店
長野県松本市

　明治38(1905)年創業。名だたるそば屋や料理店から絶大な評価を得ている。大豆や小麦、塩などの原材料は、地元・長野県産をはじめ篤農家・福士武造さんの大豆など、全国から吟味した国産ものを使い、天然醸造の木桶仕込み。再仕込醤油の「甘露醤油」をはじめ、濃口、淡口、白といった各種の醤油、めんつゆなどの加工品、米味噌、玄米味噌、麦味噌を製造している。

〒390-0221
長野県松本市大字里山辺2889
TEL：0263-32-3154

きれいな木桶が並んでいる写真と、真摯に醤油と向き合う雰囲気が伝わる紹介文。何かの雑誌で紹介されているのを目にして、すぐに訪問したいと電話をかけました。電話をしてから訪問するなんてめったにないことだったので、よく覚えています。

各地の蔵元の醤油を100ミリリットルの小瓶で販売していることを伝えると、「あぁ、うちは無理だよ」という返答。「それでもいいのでうかがいたい」と電話口でやりとりを続けていると、しぶしぶ受け入れてくれることになりました。

電話の主の大久保文靖さんと初めて会ったのは、平成20（2008）年10月です。約束の朝10時、ガラガラと懐かしい音がする引き戸をくぐると小さな事務所があり、右手には木桶が並ぶ諸味（もろみ）蔵が続いていていました。

さっそく、醤油の話をしようと身を乗り出すと、大久保さんがひとこと。

「濃縮還元のジュースと果物を搾ったジュースの違いは何だと思う?」

どう答えるのが正解なのか、頭をフル回転させていると、「果物を搾ったジュースは〝樹液〟だよね」と大久保さん。同じ果汁なら、より自然に近いものがいい——。

大久保さんは、こうした原理原則を大切にする職人です。

清浄な空間に漆を塗られた木桶が整然と並ぶ

蔵の中に入ると、ひと目で今まで見てきた醤油蔵とは違うことがわかりました。桶の外側がきれいな焦げ茶色で、ピカピカに光っている。これは漆を塗っているからなのだそうで、その理由を尋ねると、「醤油を造るのは微生物。中には悪さをするものもいるから、俺は桶の内側にすみつく微生物だけを大切にしたいんだ」

桶の表面に漆を塗って雑菌がつかないようにして、さらに床と壁に何トンもの炭を埋め込んで湿気がこもらないようにする徹底ぶり。そのため、古い蔵にありがちなカビ臭さとは無縁です。

2階は麹室（こうじむろ）。ここも麹だけが入るように密閉されて、まるで宇宙船かと思うような見たことのない形。至るところに大久保さんの創意工

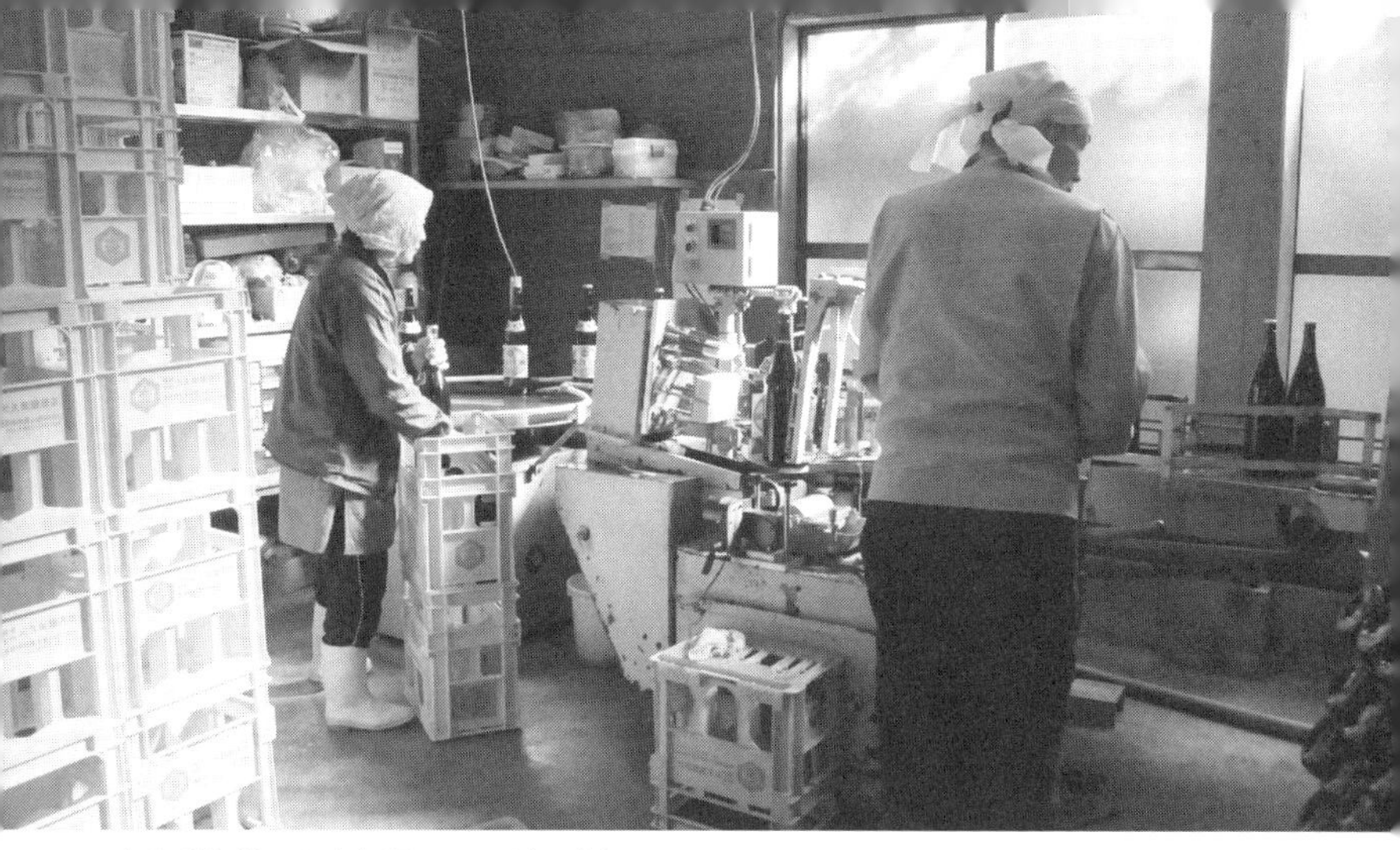
丁寧な手作業にも大久保さんの人柄が表れる

夫が施されています。
3階の仕込み場も、わざわざオゾン水をつくって床を洗浄し、天窓を開けると風が1階から通り抜けていきます。清潔に保たれている床には穴が開いていて、蒸された大豆や炒った小麦を階下の麹室に落とすことができます。さらにその下は桶の並ぶ諸味蔵。動力を使わず重力だけで、しかも最小限の距離で麹を移動させる。すべて、雑菌がつく要因を少なくするための工夫です。
「小さな蔵が大手のまねをしてもダメ。安価で均一な醤油ではなくて、質を追求する。もっと〝田舎の香ばしさ〟を前面に出していきたい」
あっけにとられていると、「そろそろ昼どきだね。そばでも食べに行くかい？」

ここはそばでも有名な長野県。実は、大久保さんの醤油は蕎麦業界では有名で、県内外の老舗も愛用しています。それほどの人に案内してもらうそばがおいしくないはずがない。

絶品のそばをいただき、その足で私邸にうかがうことになりました。

卓上には、品のある小皿に奥さまお手製の漬物。大久保さんから「酢っぱいよ。だけどこれが本当の乳酸発酵の味でさ」と勧められ、口にすると確かにとても酢っぱい。市販されている漬物とは全く違うし、家で作る糠漬けとも違う。それがなんともおいしくて思わずポリポリ平らげ、おかわりをお願いしてしまったほど。

「俺はね、食べることが好きなんだけど、ぜいたくをしたいわけじゃない。〝そのもののズバリ〟を食べたいだけなんだよ」。ここでも大久保さんの信念がのぞきます。

気づくと外はすっかり暗くなっていました。この初訪問での滞在最長記録は、今後も破られることはないと思います。大久保さんからは、「そうそう、100ミリリットルの醤油だったね。面白そうだ。ぜひやらせてもらうよ」と、予想外の回答が。

寝転ぶように設置されている巨大な木槽タンク

「新しい木槽タンクのお披露目をする」と案内状が来たのは、平成28（２０１６）年６月。かつて玄関のあった場所に新しい建物ができていて、大きな引き戸にはしっかり漆が塗られていました。

お披露目の時間になり、扉を開けると、招待客から「お～！」という感嘆の声。中をのぞくと、きれいに漆が塗られた大きな木槽タンクが寝転んでいます。

一般的には縦に設置された桶の中の諸味をかき混ぜ、発酵や熟成を管理します。しかし大久保さんは、そうした従来の空気による撹拌だと過剰に混ぜすぎてしまうと感じていたとのこと。そこで考案したのが、これまた創意工夫に

天井の窓を開くと自然の風が入り、空気の循環が始まる

あふれる方法でした。

寝転んだ木槽タンクの中には大きなスクリューが入っていて、5馬力のモーターがゆっくり動きます。中の諸味はその動きに乗ってぐるりと1回転。タンクの中は諸味が満たされている状態なので、空気と接触する面積も最小限になります。しかも、人手と体力が不要で、メンテナンスも楽。まさに一石三鳥です。

この木槽タンクを手がけることになる日本木槽木管株式会社に、大久保さんが画期的な試みを打診したのは、なんと8年前。あまりの難題に、当初は「品質を保証できないものを手がけるわけにいかない」と断られていたそうです。しかし、大久保さんの熱意に押されて試作品を作っては議論を重ね、とうとう完成の日を迎えたのです。

「木造建築は100年経ってもメンテナンスをしていれば使い続けることができる。でも、鉄の建物は40年も経てば老朽化だなんていわれてしまう。だから、自然なほうがいい。漆は木の樹液でしょ。それを木に塗って戻しているわけだよね」

初めて会ったときから、大久保さんは変わらない。そのうえで、常に新しい何かを形にし続けている。その姿を見たくて、また松本の蔵を訪ねるのです。

甘露醤油

この醤油と出会い、醤油の世界に魅了される人は多い。1年醸造の諸味に醤油麹を加え、さらに米麹を追加。濃厚で香り高く、発酵の奥深さを実感する醤油。まずはつけ、かけ醤油で。

刺し身

赤身や味の濃い魚、クジラや馬刺しなど、ちょっとクセのある赤身には「甘露醤油」がよく合う。芳醇な香りを楽しんで。

1. マグロやカツオなどの赤身の刺し身を盛り合わせる
2. 「甘露醤油」をつけて食す

四季折々に家庭料理の味を支える

岡本醤油醸造場
広島県豊田郡大崎上島町

　昭和9(1934)年創業。国産の大豆、小麦、海水塩など、自社で選定した原料のみを使用し、小麦を炒るのも大豆を蒸すのも自社で行う。2年かけて熟成させた濃口醤油、さらに麹を加えて熟成させる3年ものの再仕込醤油など、じっくり時間をかけた醤油は長年にわたり地元の人々に愛されている。ほかに、淡口醤油、だし醤油などの醤油加工品や麦味噌も製造。

〒725-0231
広島県豊田郡大崎上島町
東野2577
TEL：0846-65-2041
okamoto-shoyu.com
※見学可（要予約）

社長の岡本義弘さん(右から2人目)と家族総出で醤油の味を支える

醤油造りを最も愛している造り手、そう聞かれたら岡本義弘さんの名前を挙げずにはいられません。一つでも質問しようものなら、丁寧すぎるほどしっかりした答えに始まり、次から次へと醤油造りをめぐる話が続いてあっという間に時間が経ってしまいます。あまりの熱の入りように話がなかなか終わらないのですが、醤油造りが本当に大好きなんだろうなと、こちらも自然と温かい気持ちになります。

そんな岡本さんに会いに行くために、瀬戸内海に浮かぶ大崎上島を目指してフェリーに乗ります。広島県竹原市にある竹原港に車を停めてフェリー乗り場の時刻表を見ると、1時間に2、3本の便があります。生活の足としてフェリーが根づいているのでしょう。

30分ほど船に揺られると大崎上島が見えてきます。周囲40キロメートルほど、人口約8000人の島は、造船とミカン栽培が盛んで、春にはミカンの花の香りが島全体に漂い、秋にはオレンジ色の実が山を埋め尽くします。

下船して海沿いを数分歩くと、岡本醤油醸造場が見えてきます。蔵の前は、足元で魚が泳ぐ穏やかな波打ち際が広がり、背後には山が続きます。気持ちのよい風を感じていると、「朝夕で風向きが変わるよ」と岡本さんが声をかけてくれました。山の木々の光合成によるふんだんな酸素を含んだ風と、海のミネラルをたっぷり含んだ風が交互に蔵の中を通り抜けて、蔵を常に新鮮な状態に保ってくれるのだそうです。

蔵の中には30本ある昔ながらの杉の木桶がずらり。厳選した国産大豆と小麦、天日塩のみを原料に造られる醤油はもちろん天然醸造で、岡本さんたちに見守られながら熟成の時を過ごしています。

それぞれの桶には、櫂棒（かいぼう）という棒が刺さっています。これは桶の中の諸味（もろみ）をかき混ぜるときに使うもの。諸味の表面に産膜酵母という白カビが発生するのを防ぎ、空気を送り込むことで微生物の発酵を手助けするために定期的に攪拌（かくはん）を繰り返します。

多くの醤油蔵は、棒の先から空気を送ることができる道具を使って攪拌しますが、岡本さんの蔵では櫂棒での手作業。20石の桶だとその容量は約３６００リットルあり、重さは３トン以上。蔵の中が高温になる夏場の作業の厳しさは、容易に想像できます。全国の蔵の中でも、こんなふうにすべての桶を櫂棒１本でかき混ぜている蔵元はなかなか見つからないと思います。

「30本の桶が精いっぱいなんよ」と言いますが、それは当然のこと。昔ながらの醤油造りをしている蔵が大量生産できないことを実感します。

岡本さんも蔵を継いだばかりのころは、ほかの醤油蔵と競うように家々に醤油を配達していたそうです。「あるとき通りかかった家から漂ってくる香りが、うちの醤油だと気づいたのです。それからは、この家では煮しめに、あの家では煮魚にと、味わいやアレンジの仕方が家によって少しずつ違っていることがわかったんです」

櫂棒で攪拌して諸味に空気を送り込む

若いころはいろいろ珍しい醤油を造りたいと思ったこともあったそうですが、どの家庭で使ってもおいしく楽しんでいただける醤油がいい。味もぶれてはいけない。

「冬の根、春の菜、夏の茎、秋の実もおいしくする醤油を造りたいと思っています」

そう穏やかに話す岡本さんの真ん中には、島の家庭料理を支える屋台骨としての信念と、限りない醤油愛があります。


平成28(2016)年に圧搾場を新設したという一報を受け、さっそく、見学に訪れると、そこは壁とガラスで囲まれた密閉空間。ドアを開けて中に入ると、「うわぁっ!すごいですね」と思わず声に出してしまったほど、アルコールの香りに包まれました。これはしっかり酵母菌が活躍している証拠。そして、肌寒いほど低温に保たれていました。

諸味の段階では自然にいっぱい触れさせて育て、搾る段階では虫や異物などが入らないようにして、新鮮な状態を保てるように空間全体を低温に保つ。よりおいしい醤油を新鮮な状態で搾るために岡本さんたちが考えた方法が、これでした。

何枚も重ねた諸味の包みは見事なほどの美しさ

印象的だったのがその圧搾風景。諸味を風呂敷状の布に包み込んで、何十枚と積み重ねて搾っていくのですが、人が行う作業なので一枚一枚がどうしても不均一になりがちです。それが、ここでは驚くほどにきれいに積み重なっているのです。

どうしてこんな積み方ができるのかと目を凝らして見ると、普通は木のヘラなどでサッと表面をならす程度なのに、作業している女性が右手で諸味を触りながらゆっくり丁寧に平らにならしています。聞くと、「微妙な凹凸は手で触らないとわからないので」と控えめに説明してくれました。

この配慮と、文字どおりひと手間をかけるスタンス。やはり岡本さんの醤油ならではです。

「できるだけ手間と時間をかけて料理をしていただきたいですね」と岡本さん。

「最近は加工品のつゆを使われる方も多くなっていると思いますが、たとえばお客さまをもてなすときに、夏の暑い時期は塩分を少し多めに、寒い時期は少し甘みを強くしてと、その季節やお客さまに応じた対応をする。それが最高のもてなしだと思うのです」

四季折々の家庭料理を支え、季節ごとのもてなしにも応える。今では、そんな岡本さんの醤油を求めてフェリーに乗る人が多くなっているそうです。

手造り醤油 かけ二段仕込み 熟成三年

濃厚さと凝縮されたうま味が特徴で、マグロなど赤身の刺し身はもとより、目玉焼きやアジフライなどにも合う。

トンカツ

「トンカツには当然、ソースでしょ!」という人こそ、ぜひお試しを。素材の味を楽しみつつ、さっぱりした味わいが楽しめる。

1. トンカツを切り、器に盛りつける
2. 「手造り醤油　かけ二段仕込み熟成三年」をかける。小皿に醤油を入れてつけながら食べてもおいしい

醤油の未来を見据える桶作り

ヤマロク醤油

香川県小豆郡小豆島町

江戸時代の終りごろから明治(1868年〜)の創業とされる。築100年以上の諸味(もろみ)蔵は登録有形文化財に登録され、小豆島観光には欠かせない醤油蔵の一つ。木桶をはじめ建物の梁や土壁、土間に息づく100種類以上の酵母菌や乳酸菌が芳醇な醤油を醸す。天然醸造再仕込醤油「鶴醤」、濃口醤油「菊醤」をはじめ、ぽん酢醤油やだし醤油など醤油加工品も製造している。

〒761-4411
香川県小豆郡小豆島町安田甲1607
TEL：0879-82-0666
yama-roku.net
※見学可

「職人醤油」を立ち上げて間もないころは、取り扱う醤油の数も30種類に満たない程度で、見た目にもまだまだの状態。当然、売り上げも微々たるもので、問い合わせもほとんどありません。

そんなときに届いた醤油蔵からの1通のメール。その差出人が、ヤマロク醤油の山本康夫さんでした。「すてきな取り組みですね」という激励と、「ぜひ一度、蔵に寄ってください」という言葉。さっそく訪問の日程を約束し、香川県の小豆島を目指して車を走らせました。

5代目の山本康夫さん

瀬戸内海に浮かぶ島の中では2番目に大きいながらも、橋が架かっていない小豆島へはフェリーを使うしかありません。高松港や神戸港など多くの港からアクセスできますが、姫路港から小豆島の福田港まで約100分の船旅をすることにしました。

到着を知らせるにぎやかな音を合図に、ざわざわと乗船客が下船の準備を始めます。私も階段をおりて車

乳酸菌や酵母菌など醤油造りに欠かせない菌に包まれている木桶

に乗り込みました。ドンッと衝撃があって港に着いたことがわかると、作業員が慌ただしく動き回り、船の出口がグググッと開きます。扉は上から開いてそのまま岸壁におろされて橋になり、その上を渡って小豆島に初上陸。薄暗い船内から一転、真っ青な空と海が広がる島の光景に変わりました。

瀬戸内独特の穏やかな海面を横目に30分ほど走ると、カーナビがそろそろ到着すると教えてくれました。細い道に入って、次の角も曲がってさらに細い道へ。少し心配になっていると「ヤマロク醤油まで50メートル」という手作りの看板が見えて、次の瞬間、大きな木桶が目に飛び込んできました。

ヤマロク醤油は年間を通して予約なしで見学ができます。見学用コースではなく、そのままの現場を丁寧な説明とともに見ることができるので、「ここまで見せてくれるの？」と驚く見学者も多いそうです。

蔵の中には桶がびっしり並び、中には100年以上使われているものも。「この桶はうちのエース。反対側のこちらの桶には、もう少し頑張ってほしいですね」などと、まるで桶に人格があるかのようにユーモアある紹介をしながら、「人が蔵の中に入ってくると発酵が活発になるんです。人の気配がわかるんでしょうね」と山本さんは言います。

ひととおり案内をしてもらい、外に出るとあたりはすっかり暗くなっていました。18時を少し回ったころだったでしょうか。暗くなっていた以上に驚いたのは、車や人の生活音が聞こえないこと。私と山本さんが話をやめると全くの無音で、蔵の中は完全なる静寂に包まれ、神秘的な雰囲気さえ感じます。

どこかで夕食をとろうと車を走らせたのですが、どのお店も閉店して真っ暗。当時はコンビニもなく、何も食べられないうえに何も買えないことを覚悟したほどでし

発酵中の諸味（もろみ）の香りを確かめる山本さん

た。幸いにも1軒だけ、店じまいする直前の定食屋が。あのミックスフライ定食には、どれほど救われたことか……。

小豆島は「醤の郷」と呼ばれるほど醤油の産地としても有名で、木桶仕込みの醤油蔵が多く残っています。１０００本以上の桶が現役で使われていて、全国の３分の１の木桶が小豆島に集中しているとも。

ヤマロク醤油にも60本をこえる桶がありま す。「これらの桶はうちのご先祖さまが残してくれたもの。そのおかげで今の醤油造りができているのです」と山本さん。「でも、１００年から１５０年といわれる桶の寿命を考えると、50年先にはもう使えなくなっているかもしれない。すると、子どもや孫の世代になったとき、『あの代で木桶がなくなったから、おいしい醤油が造れない』なんて言われるかもしれない。それって、悔しいじゃないですか」

印象に残る言葉でした。

平成23（2011）年、山本さんから電話をもらいました。「藤井製桶所さんに修業に行こうと思うんですけど、一緒にどうですか？」という内容。「えっ！　何を言ってるんですか？」と思わず聞き返してしまいました。

藤井製桶所は大阪の堺市にあり、醤油を仕込む大きな桶を手がけることができる日本で唯一の桶屋さんです。山本さんは、小豆島の大工さんを連れて桶作りの技術を習得しに行き、自ら桶屋になろうというのです。

醤油屋が桶屋をするという初めての試み

地元の腕きき大工らも協力しての新桶作り

今では定例行事となったにぎやかな新桶作り。全国から醤油蔵、酒蔵、流通関係者などが集まる

が、このときスタートしました。

平成25（2013）年9月、藤井製桶所での修業を経て小豆島でいよいよ自分たちだけでの桶作りに挑戦。私も駆けつけました。

山本さん自ら木桶の側板を削り、新桶作りの先頭に立ちます。桶作りに使う道具は特殊なものが多く、板材の切断の仕方や箍（たが）に使う竹の調達など、一つひとつ準備を進めてようやく迎えた当日、予想どおりというか、作業開始直後からトラブルの連続に見舞われました。

「やっぱり、無理なんじゃないか」と思うことを何度も繰り返しながら、4日かけてようやく新桶が完成。後日、出来栄えを確認しに来た師匠から「上出来だ！」と太鼓判を押され、一同ほっと胸をなでおろしました。

新桶をフォークリフトで持ち上げて、底の裏の部分に「新桶一号」の文字を書き入れました。その横には将来、ヤマロク醤油6代目になる予定の山本さんの長男、康蔵くんの手形も。

「孫の代に木桶仕込醤油を残したい」

その思いは、しっかり桶に刻まれました。

今では毎年1月に桶作りをするのが定例行事になり、全国の桶仕込みをしている醤油蔵も集まってきて一緒に作業をしています。

新桶一号の底板の裏には6代目(予定)の康蔵くんの手形が

鶴醤

搾った生醤油をさらに仕込んで合計4年。深いコクとまろやかさを極限まで追求し、口の中で濃厚な味と香りがパッと広がる。

バニラアイス

アイスに醤油⁉と驚くことなかれ。バニラアイスに濃厚な「鶴醤」をかけると、キャラメルやみたらし団子を思わせる風味に。

1. まずは、「鶴醤」そのものの香りを味わう
2. バニラアイスに「鶴醤」をかける
3. スプーンで適度になじませる
4. 「バニラアイス×鶴醤」の変化を楽しむ

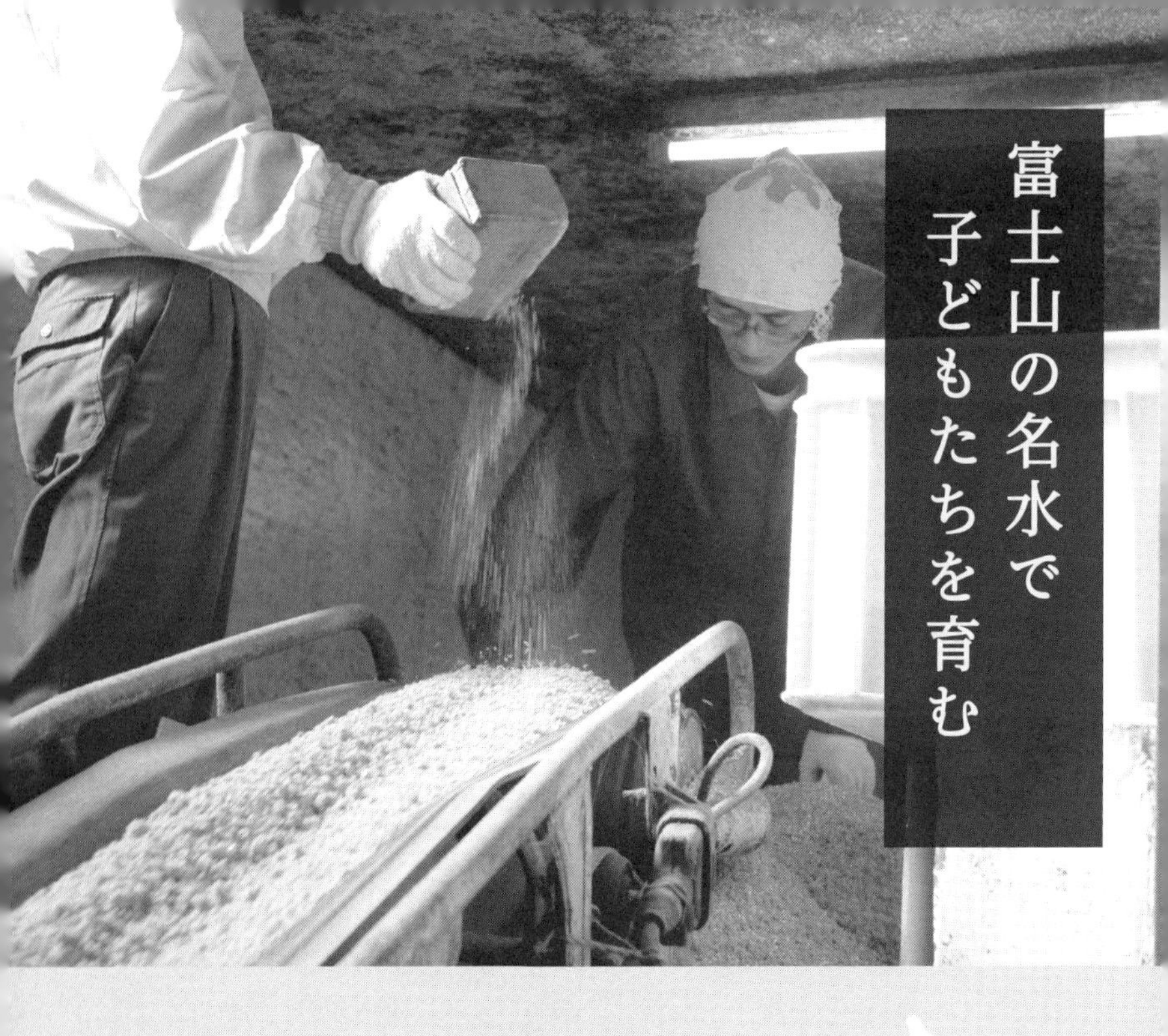

天野醤油

静岡県御殿場市

昭和10(1935)年創業。富士山のふもとに湧き出す「銀名水」を仕込み水に、添加物を一切使わず醤油を造る。東日本で再仕込醤油を手がける先駆者的な蔵。再仕込醤油「甘露しょうゆ」のほか、天然醸造の「本丸亭」、濃厚な「富士泉」、手軽な価格帯で地域に根ざした「赤ラベル」「グリーンラベル」などの醤油や本仕込味噌を製造している。

★

〒412-0028
静岡県御殿場市御殿場139-1
TEL：0550-82-0518
www.gotemba.or.jp/i/amano
※見学可（要予約）

静岡県御殿場市にある天野醤油の看板商品「甘露しょうゆ」のラベルには、富士山をモチーフにしたイラストが描かれています。さらに「富士山湧水仕込み」の文字も。そのラベルどおりに、雄大な富士山に見守られながら醤油の仕込みをしている蔵を訪ねると、「今日はちょうど水を汲みに行くので一緒に来ますか？」と社長の天野栄太郎さんから思いがけないお誘いが。

「え？　水を汲みに行く……？」。そう思いながら同行することにしました。

天野栄太郎さん

天野醤油では軽トラックに大きなタンクを積んで、仕込みに使う湧き水をわざわざ汲みに行くのです。くねくねと何度も道を曲がりながら到着したのは、驚くほど透明な湧き水が満たされ、小さな池のようになっている場所。水面ぎりぎりまでコケで覆われているのですが、のぞくと底まではっきり見通せるほどです。この水を使って育てられるワサビは絶品で、池から流れ出す小川の下流にはワサビ棚が広がっているそうです。

2日に1度、ポンプを使って湧水を汲む

この湧き水は、富士山の雪解け水が何十年もの年月をかけて湧き出る名水で、年間を通して14～15度という一定の水温を保っているそうです。だから、夏場は冷たく、空気が冷たい冬場は湯気が立つほど。訪ねたのは早春でしたが、周囲の木々が水面から立ちのぼる湯気にうっすら包まれていました。きっと、いつ見ても幻想的な光景が広がっていることでしょう。

天野醤油で1週間の仕込みに必要な水は、約6トン。それを3回に分けて運ぶために、天野醤油のトラックが往来します。持ち運び式の電動ポンプを使って湧き水を汲み上げる作業は大変な手間。それでも、この水が変わると醤油の出来も変わってしまうといいますから、水汲み作業は醤油造りの大切な工程の一つになっているのです。

雄大な自然の恵みを大切にして原料にこだわり、一度造った生一本の醤油を食塩水の代わりとして、再び麹（こうじ）の中に入れて二度目の発酵・熟成をさせる。こうした真面目な醸造方法で2年以上をかけて造られる再仕込醤油のほかにも、国産丸大豆を原料にした「本丸亭」という濃口醤油なども造り、静岡県東部（御殿場市・沼津市・三島市・裾野市）の公立保育所、小学校、中学校で使用されています。

「子どもたちの口に入るものなので、細心の注意を払わなくてはいけません。責任を感じるとともに、地域の子どもたちに届けられることを誇りに思います」

天野さんは胸を張って話してくれました。

甘露しょうゆ

国産大豆と小麦を使用し、2年以上の歳月と2倍の原料を費やす。塩分控えめながら濃い色つやが特徴。

餃子

濃厚な「甘露しょうゆ」と酢のバランスが絶妙な酢醤油は、餃子の油となじみがよく、いくらでも食べられる。

1. 焼き餃子や水餃子など、好みの餃子を用意する
2. 「甘露しょうゆ」と酢、ラー油を用意
3. 醤油と酢の比率を変えて、さまざまな味わいを楽しんで

〝日本一の醤油〟を目指し続ける

岡直三郎商店

群馬県みどり市

天明7(1787)年創業。近江日野商人の流れを汲む初代・岡忠兵衛が、足尾銅山から江戸まで銅を運ぶ「あかがね街道」の宿場町として栄えた自然豊かな大間々で醤油醸造業をおこす。代々受け継がれた木桶を使い、国産の丸大豆や群馬県産の小麦にこだわり、再仕込、濃口、希少な生揚(きあげ)、溜などの醤油や、ぽん酢醤油などを製造している。

〒376-0101
群馬県みどり市大間々町
大間々1012
TEL：0277-72-1008
www.nihonichi-shoyu.co.jp
※見学可（要予約）
本社：東京都町田市旭町1-23-21

私の母校である立命館大学は、卒業生向けに会報誌を作っています。その表紙に卒業生の写真が掲載されるのですが、ひょんなことから声をかけていただきました。「カメラマンと行くので写真を撮らせてほしい」ということで、どんな場所での撮影がいいかと編集担当者と話していると、「醤油ですから、やはり仕込みに使う大桶の前はいかがですか？」となりました。

そこで協力をお願いしたのが、岡直三郎商店です。木桶がずらりと並ぶ蔵としては群馬県唯一。突然のお願いでしたが、快諾してもらうことができました。

社長の岡資治さん

撮影の当日は、京都から来てくれた同窓の先輩にあたるカメラマンの小幡豊さんと、蔵で合流。中に入ると、「いや〜、すごいね！」と思わず小幡さんから感嘆の声が上がりました。

大きな梁が組まれている高い天井、高窓からはうっすらと光が取り込まれ、幻想的で神々しい雰囲気すら感じます。やわらかな光が照らす

木樽が並ぶ蔵は見学できる

桶の前で、「職人醤油」と染め抜かれた藍の前掛けをして腕組みのポーズ。こうして撮った写真は、今でも私のプロフィール写真として使っています。

岡直三郎商店が創業した天明7（1787）年は、大飢饉に始まる寛政の改革が行われていた江戸時代後期。こう聞いてもピンとこないかもしれませんが、明治元年が1868年ですから、そのはるか80年近くも前のことになります。創業100年をこえる醤油蔵は珍しくありませんが、このように200年を優にこえる蔵となると、ぐっと少なくなります。看板商品は、「日本一しょうゆ」。よく商標が取れたものだと思わず感心してしまいますが、ここには「日本一の醤油を目指したい」という思いが込められているのだそうです。国産の丸大豆と小麦を使い、木桶仕込み。「日本一しょうゆ」には、長い歴史に育まれたこだわりが詰まっています。

実はこの蔵元と「職人醤油」には、〝目に見える〟ご縁もあります。それは、オリジナルの特注品で木桶の形をしている前橋本店のカウンター。工場を建て替える際、桶の解体も自由にやっていいということで、大工さんと出向いて丸ノコとノコギリで解体して箍（たが）を譲り受け、それに合わせて板をはめ込んだものです。このカウンター、見た目は木桶そのもの。多くのお客さんが「あっ、桶だ！」と驚いてくれます。「この箍の部分は本物なんですよ」と伝えるとさらに驚き、桶の話から醤油のことまで、カウンターを挟んで会話も弾むのです。

「同郷のよしみ」もあり、何かにつけてお世話になっている蔵元です。

日本一国産有機再仕込しょうゆ（二段仕込）

希少な北海道産有機栽培の丸大豆、小麦を原料に、じっくり熟成。

すき焼き丼

そのままの味わいと、煮込んだときとではガラリと印象が変わる。肉のうま味と甘みを引き立てる。

1. フライパンを火にかけ、牛肉を広げてシラタキやネギを入れる。砂糖、酒、水、「日本一国産有機再仕込しょうゆ（二段仕込）」を同量合わせた調味料で煮込み、焼き豆腐を加える
2. 丼に温かいご飯を入れ、盛りつける

回転ずしに持っていきたい醤油

〝すし〟におすすめの醤油を調べようと、小瓶の醤油を10本抱えて向かった先は回転ずし。醤油の持ち込みは叱られるかとドキドキしていたら、店員さんが快く小皿を持って来てくれました。

ネタを1つに絞らないと比較ができないので、インターネットで調べた人気ランキングの結果からサーモン限定で試食会をスタート。試してみると、普通のサーモンには再仕込醤油がいちばん合うという結果になりました。

ただし、タマネギのスライスがのっているサーモンに濃厚な再仕込醤油を合わせると、タマネギの食感しか残りません。この場合は、淡口醤油がおすすめ。タマネギのほのかな甘みも楽しめるはずです。また、マヨネーズをのせて炙ってあるサーモンには溜醤油というように、試してみるといつも新しい発見があります。

溜

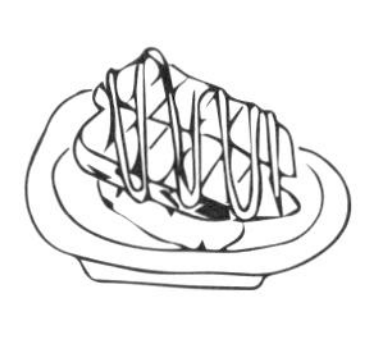

サーモン
＋
炙りマヨネーズ

淡口

サーモン
＋
スライスタマネギ

再仕込

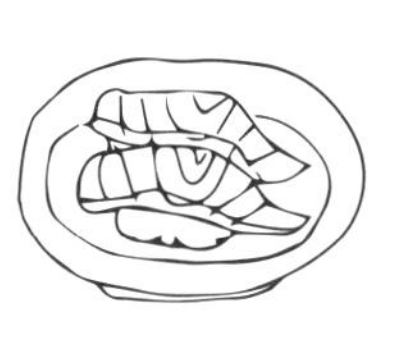

サーモン

溜醤油

濃厚なうま味とコク

主に中部地方で造られる醤油。大豆の割合を多く、仕込み水を少なくして、うま味を凝縮させている。とろみと濃厚なうま味、独特な香りが特徴。

！ポイント
うま味たっぷりなので、そのままつけ醤油として。加熱するときれいな赤みが出るので、照り焼きなどにも。

ご近所にも世界にも開かれた蔵

丸又商店

愛知県知多郡武豊町

文政12（1829）年、出口家4代目・又右ェ門により創業。6代目・又右ェ門の時代に2000石の仕込みをなし、大正3（1914）年には天覧に供したなどの記録が残っている。地元・愛知県産の丸大豆を使った「尾張のたまり」をはじめ、タレやぽん酢醤油などの加工品を製造している。

〒470-2544
愛知県知多郡武豊町里中152
TEL：0569-73-0006
www.marumata.com
※見学可（要予約）

主に中部地方で生産されている溜醤油。地元の人なら日ごろから目にする機会も多いと思いますが、ほかの地域の人にはなじみが薄いかもしれません。

その特徴は、なんといっても濃厚な味わい。刺し身につけるのはもちろんのこと、熱を加えるときれいな赤みがかった色になり、照り焼きや煮物、汁物にも使えます。「濃口醤油に5パーセントほどの割合でブレンドすると、ぐっとうま味が増すんですよ」と、出口家9代目で丸又商店としては6代目となる出口智康さんが教えてくれました。

丸又商店6代目の出口智康さん

丸又商店がある愛知県武豊町は溜醤油の産地としても有名で、歩いて回れる範囲に蔵元がギュッと密集しています。特に、中部圏の物流拠点の一つでもある武豊港に近い里中というエリアには、丸又商店をはじめ6つの蔵元が軒を連ねています。

文政12(1829)年創業の丸又商店は、長

200年近くの歴史がある丸又商店

い歴史を持つ蔵が多いこのあたりでも古参。通り沿いに看板が出ていたので、初めての訪問でも迷うことなくたどり着くことができました。

敷地に入ると、左手にきれいに手入れされている芝生と母屋、右手に仕込み蔵、正面は直売所になっています。一見、こぢんまりした印象。それが奥に進むと木桶が並ぶ蔵が続き、市道を挟んでさらに蔵、蔵、蔵。黒く塗られた外壁の連なりは壮観で、その中には70本の木桶が整然と並んでいます。

蔵に入ると、ほかの醤油蔵とは違った風景が広がっています。一般的に蔵というと、閉めきられていて薄暗く、静寂の中に醤油の諸味（もろみ）がプチプチと小さな音を立てている……そんな様子を想像する人が多いかもしれません。

ところが、この蔵は天井の一部に光を通す素材が使われ、適度に緩衝された太陽光が蔵全体をやわらかく包み込んでいて、私の知る限り、最も明るい蔵かもしれません。しかも扉が開け放たれているので心地よい風が吹き抜けて、通学途中の小学生の元気のよい笑い声が蔵の中にも響き渡ってきます。


奥の蔵に移動するときは、細い市道を渡ります。途中でご近所さんとすれ違うことも多く、出口さんはしょっちゅうあいさつをしています。

「うちの蔵は扉が開けっ放しなので、防犯はどうしているのかとよく聞かれるんですよ」と出口さん。確かに、誰かが入ってきても不思議ではありません。そこで、日ご

開放的な蔵に整然と木桶が並ぶ

溜醤油造りに石は欠かせない

ろからのご近所付き合いが強みになるようで、見たことのない人がうろついていると、ご近所さんが気づいてくれるのだそうです。
「私たち蔵人も、常に外から見られて作業をしています。だから手が抜けないし、ごまかしもできない」と笑う出口さん。そこには、閉めきって外部と遮断するのではなくて、開け放って周囲と一体になることで得る安心感がありました。

蔵の隅には、桶の上に載せる重石が山積みになっています。溜醤油は仕込みに使う塩水が少なく、味噌に近い形状になっているため、かき混ぜるのではなく上から重石を載せる製法。桶に突き刺さっている筒状のパイプの中に柄杓（ひしゃく）を入れて、底にたまった液体をすくい上げ、石の上からかける「汲みかけ」という作業を何度も何度も繰り返します。

「熟成が進んだ段階でも、毎日、見回って頻繁に汲みかけをしてあげます。すると、桶の表面が湿気を吸って湿っている日があったり、溜醤油の液面が上昇している日があったり。人が管理しているようでも、醤油は自然の力によって造られることを実感するんです」

発酵は温度をコントロールすれば効率的に進みますが、熟成は時間をかけなくてはなりません。

「どんなに人類の技術が進歩しても、自然の熟成を速めることはできないと思う。日々、自然の力には勝てないと感じています」と出口さんは言います。

そのまま圧搾場や充塡の工程を見学。すると、出荷を待つ輸送用の容器に英語で何やら書いてあることに気づきました。


丁寧に重ねられた「ろ布」から圧搾された溜が滴る

「どうして英語なんですか？」と尋ねると、「これは輸出用なんですよ」と出口さん。これらの醤油は間もなく、ヨーロッパに向けて旅立つそうです。

丸又商店の溜醤油の原材料は大豆と食塩のみで、小麦を使っていません。ヨーロッパなどの海外では、小麦などの穀物から作られるタンパク質を含まない「グルテンフリー」と呼ばれる食品を好む人が多く、この溜醤油はとても人気があるそうです。

30年ほど前、先代のころから取り組んできた有機栽培の大豆を使った「オーガニックたまり」も海外で人気。手がけた当時は、日本国内で〝オーガニック〟という言葉がまだあまり知られていない時代。顧客からの要望で造り始めて、今では日本とヨーロッパ、それにアメリカのトリプル認定大豆を使う、蔵の看板商品になっています。

それでも、「たまたま小麦を使っていない溜醤油がグルテンフリーとして海外から注目されていますが、私たちがやっていることは、実は昔からなんら変わっていないんですよね」と、出口さんはあくまで謙虚に淡々と話します。「ずっとこの桶と石で造ってきました。海外からの声はうれしいですが、蔵の規模を大きくすることは考えていません。この醤油をさらにもっと価値のあるものにしたいんです」

　そこで出口さんに「価値あるものとは？」と質問してみました。すると、「高価で日常使いにできないものは造りたくないですね。日々の生活になくてはならないもの、それでいて当たり前に原料にこだわり、手間暇かけて造る醤油でしょうか。そしてもちろん、おいしいこと。結構、単純なんですよ」と笑います。

　でも、それが難しい。そして、それをやり遂げていることがすごい。

　この蔵と出口さんの姿勢を見るほどに、これからもっともっと海外から絶賛の声が集まる予感がします。

尾張のたまり

愛知県産の丸大豆と塩のみを、杉桶の中で3年間熟成。大豆のうま味が凝縮した濃厚なコクが特徴。

タマネギのステーキ

熱を加えることで香りと照りが出る「尾張のたまり」が、タマネギの甘みを際立たせる絶品。

1. タマネギを約1センチの輪切りにし、爪楊枝で留める
2. フライパンにゴマ油を熱し、タマネギを並べる
3. 中火で両面を焼き、蓋をして弱火で蒸し焼きにする
4. 黒コショウと「尾張のたまり」を適量かける

二人三脚で造る溜醤油

南蔵商店

愛知県知多郡武豊町

明治5(1872)年創業。「よいものができるのは寒いとき」との考えから、仕込みは例年２月下旬から4月まで。3年かけて造る溜醤油は大豆に5割の水を加えて仕込む“5分仕込み”。桶の底から滴り落ちる濃厚な溜醤油をそのまま製品にした“生引（きびき）溜”の「ぎん　わらべうた」、桶から出した味噌を布に挟み圧力をかけて搾る“圧搾溜”の「しぼり　わらべうた」、味噌を製造。

〒470-2544
愛知県知多郡武豊町
里中58番地
TEL：0569-73-0046
www.minamigura.com
※見学可（要予約）

ご主人とおかみさんのかけ合いがまるで漫才のようだったり、〝似たもの夫婦〟とはよく言ったものだと納得したり……。その蔵を担う夫婦の個性が、蔵独自のさまざまな雰囲気を醸し出しているように感じます。

寡黙な職人肌のご主人と、元気いっぱいのおかみさん――。そんな夫婦像を代表するのが、南蔵商店です。

5代目の青木弥右衛門さん

溜醤油の主産地、愛知県武豊町。大通りから小道に入り、くねくねした道を進むと「南蔵商店」と書かれた看板が現れます。そのままゆるやかなカーブに沿って進むと、道の左右に、大きな木桶が並ぶ建物と、原料処理と圧搾などを行う作業場のある建物。醤油造りの盛んな土地柄が、そのまま町並みに表れています。
「最盛期にはこのあたりにも50軒ほどの醤油蔵がありましたが、今では6軒ほどになりました」

と、5代目の青木弥右衛門さん。ひとたび醤油の話になると多弁になりますが、常に眼光鋭く、襟がピシッとしたきれいな作業服姿で淡々と話す口ぶりからは、頑固な職人の雰囲気がひしひしと伝わってきます。「価値あるものを造っていると思えるから、頑張れるんですよ」。その言葉とたたずまいからは、静かな威厳が漂ってきます。

仕込みの様子を見せてもらうために麹室（こうじむろ）へ。階段で3段ほどの小上がりになっていて、靴を脱いで中に入るとフワッとよい香りに包まれます。「よい麹は栗の香りがする」と表現されることがありますが、まさにそれ！　あまりの心地よさにその香りの理由を問うと、「すべては麹造りからです」と答えが返ってきました。

「親父は最高の麹を造りたいと、味噌玉を割ったときの感覚と香りをいつも気にしていました」

溜醤油は、大豆を蒸す工程が特に重要といわれます。よい蒸しに欠かせないのが、大豆を水に漬ける浸漬（しんせき）作業。一般的な濃口醤油の場合、1時間単位での調整ですが、溜醤油の場合は1分単位でタイミングを見極めます。

溜醤油を仕込む木桶の下には栓がついていて、開けると底にたまった溜（生引溜）が滴り落ちてくる

また、濃口醤油は酵母菌によるアルコール発酵を伴いますが、溜醤油にはそれがありません。〝発酵〟よりも、むしろ〝分解〟という表現が近い。よい麹とよい乳酸菌を育てることで、大豆のタンパク質が効率的にうま味成分に分解されていくのです。

あの麹室の香りは、こうした緻密な作業と地道な検証のたまもの。「3代目のときから科学的データを蓄積しています。出来が悪いときの原因追求のためでもありますが、よい出来のときもその理由を研究してきました」と青木さんは話してくれました。

続いて案内してもらったのは、木桶が並ぶ蔵の中。入り口は薄暗く、進むにつれ自然光が取り込まれて明るい空間が広がります。桶の底に近い部分に穴が開けられていて、栓がしてあります。この部分を「のみ口」といい、この栓をゆっくりと開けると、ツーッと細く醤油が滴ってきます。少量を白い皿に取って見せていただくと、透き通った赤ではなく重厚感のある濃い赤で、そのつややかさからは気品をも感じられます。

ところが、残念なことに溜醤油というとドロッと黒っぽいイメージを持つ人が多い。

「これはもう、自分たちの責任だと思います」と、青木さん。「本来の溜醤油は違うんですよ。何をもって溜醤油なのか、その定義が非常にあいまいになっているように感じる。振り返ると、より安くより効率的にという時代の流れの中で、さまざまな溜醤油が出てきました。自分たちの業界がしてきたことが、結果的に自分たちの首を絞めることになっていると思います」

“生引溜”を引いた後の諸味(もろみ)を圧搾して“圧搾溜”を搾る

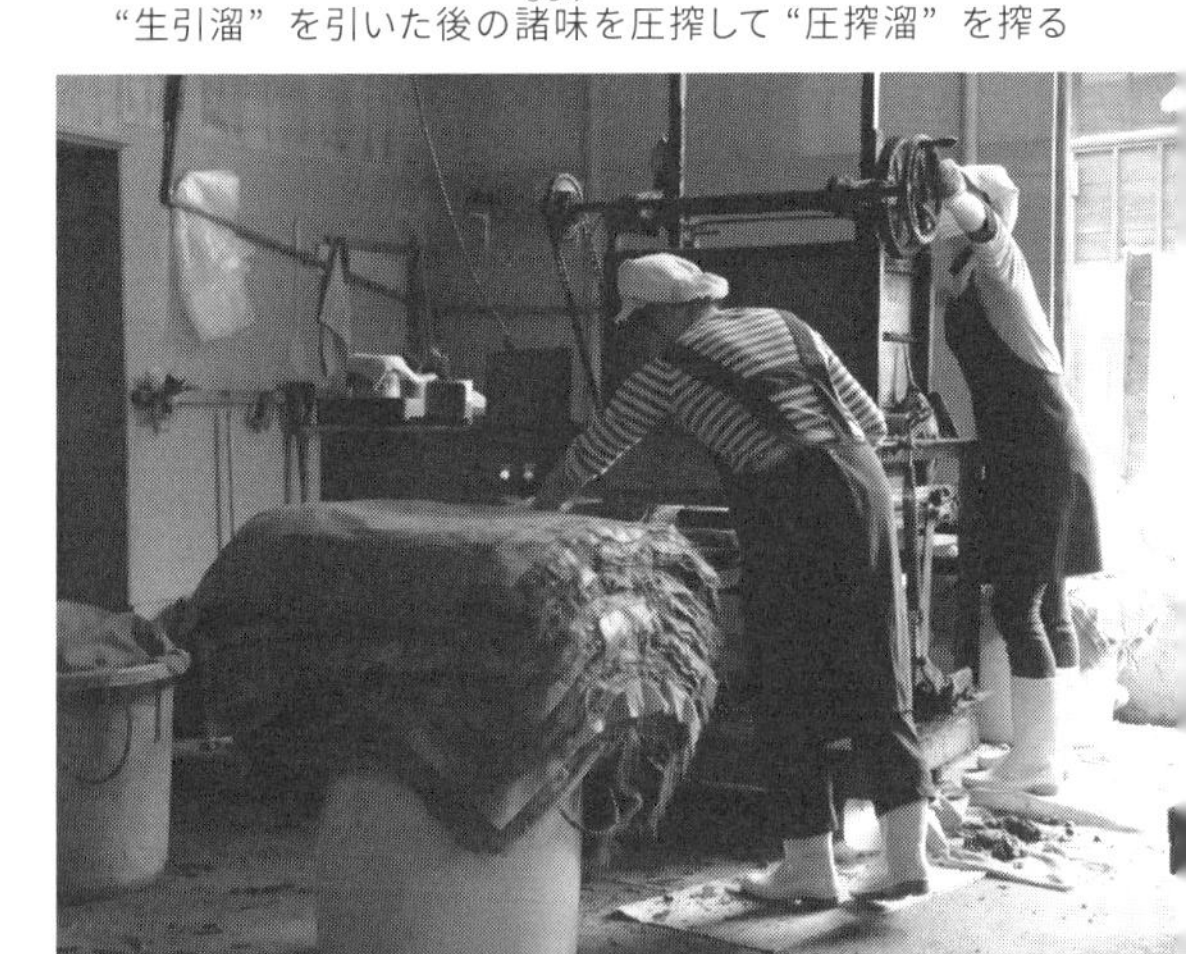

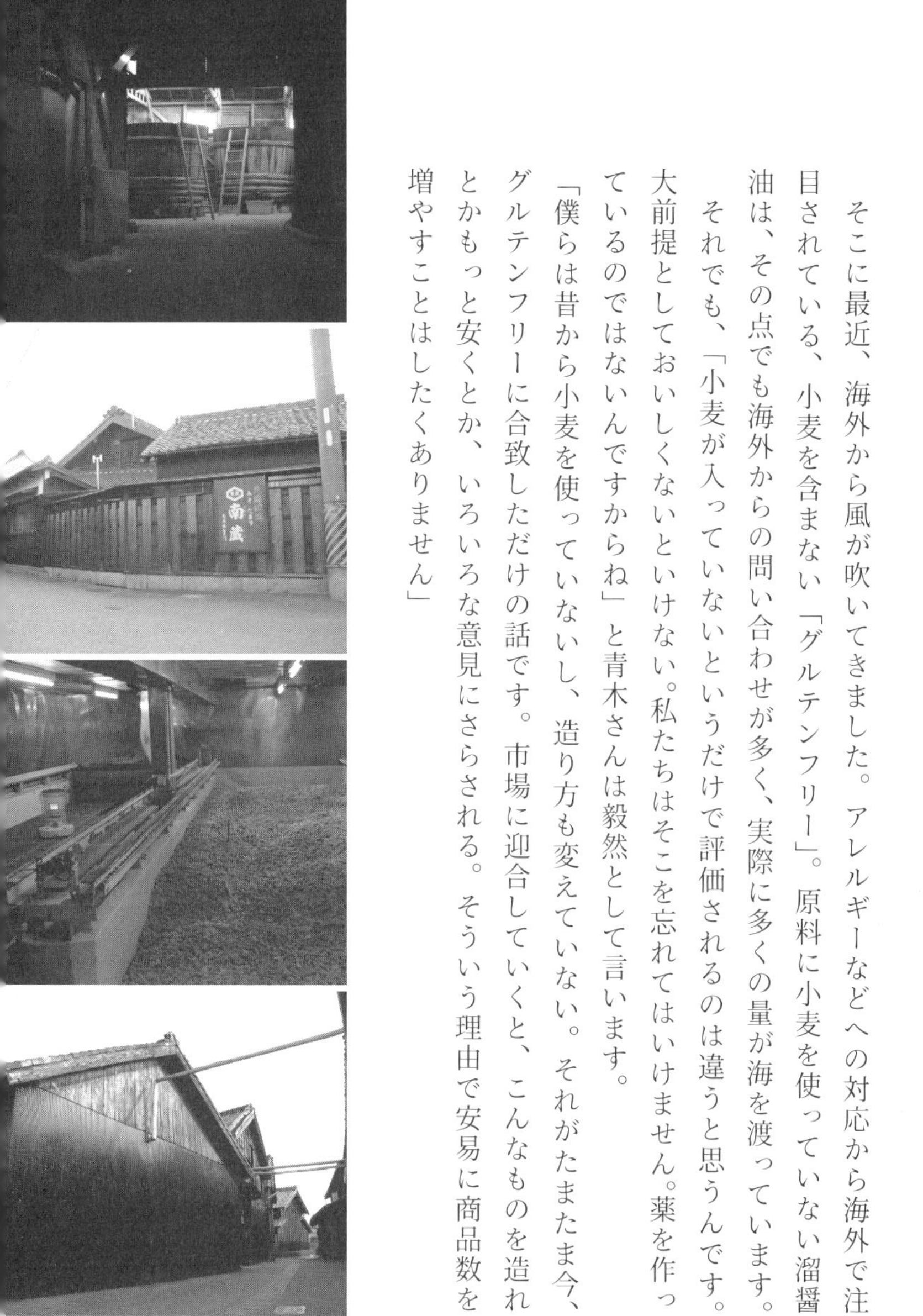

間もなく創業150年を迎える

そこに最近、海外から風が吹いてきました。アレルギーなどへの対応から海外で注目されている、小麦を含まない「グルテンフリー」。原料に小麦を使っていない溜醤油は、その点でも海外からの問い合わせが多く、実際に多くの量が海を渡っています。

それでも、「小麦が入っていないというだけで評価されるのは違うと思うんです。大前提としておいしくないといけない。私たちはそこを忘れてはいけません。薬を作っているのではないんですからね」と青木さんは毅然として言います。

「僕らは昔から小麦を使っていないし、造り方も変えていない。それがたまたま今、グルテンフリーに合致しただけの話です。市場に迎合していくと、こんなものを造れとかもっと安くとか、いろいろな意見にさらされる。そういう理由で安易に商品数を増やすことはしたくありません」

仲睦まじい青木夫妻の写真は著者会心の１枚

そんな職人肌の青木さんと好対照なのが、おかみさんの裕子さんです。25歳のときに青木さんとお見合い結婚。「当時は醤油のことは何もわからなかったので、一生懸命に勉強しました」

当時、豆味噌は１貫（４キロ）単位、醤油も１升（１・８リットル）単位で販売されていたそうです。「もっと小さいサイズのほうが使い勝手もいいし、買いやすいはずだと思ったんです。でも先代は反対。それならばと、小さいサイズ用のラベルを『プリントごっこ』で作ってしまいました」と笑顔で振り返ります。

また、なじみのお客さんから、「私が知人におたくの醤油を自信を持って紹介したいから、この名前がいいわ！」と半ば強引に提案された名前を、「これでいきましょう！」と採用。「わらべうた」や「つれそい」といった商品名になっています。キャップの部分に色紙を巻いたかわいいパッケージも好評です。

中身の溜醤油をご主人が丹精込めて造り、おかみさんが外側を丁寧に仕上げ、包み込む。そんな共同作業が見えてきます。

訪問の最後、「ホームページに掲載したいのでご夫婦の写真を撮らせてください」と蔵の前で並んでいただきました。ご主人のはにかむような笑顔が印象的な写真。青木さんをよく知る醤油屋さんに見せると、「よくこんな表情が撮れましたね！」と。私のお気に入りの1枚です。

つれそい

桶の底から滴り落ちる濃厚な溜醤油をそのまま製品にした生引溜の「つれそい」。うま味の凝縮は最高レベル。

マグロ漬け丼

マグロのうま味を濃厚な「つれそい」がさらに引き立てる絶品。

1. 「つれそい」3、味醂 1、料理酒 1 の割合で煮切り、冷ます
2. 1 のタレに好みですりおろしたショウガやニンニクを加える
3. 2 にマグロを30分程度、漬ける
4. 温かいご飯の上にマグロを並べ、海苔とワサビを添える

中定商店

愛知県知多郡武豊町

明治12(1879)年創業。2代目・定平(佐一郎)の時代、良質の麹(こうじ)を安定的に造る技術を確立し、生産量を拡大。昭和7(1932)年に初代・中川定平の“中”と“定”をとって中定商店とした。トロリとしたものやサラリとしたものなど味わいの違う溜醤油や、豆味噌を製造。味噌造り講座を開催し、手造り味噌セットや豆麹、米麹、小麦麹なども販売している。

〒470-2343
愛知県知多郡武豊町
小迎51番地
TEL：0569-72-0030
www.ho-zan.jp
※見学可（要予約）

愛知県武豊町にある中定商店の豆味噌は、料理人の間では有名な存在です。それだけに、製造現場を見ると驚くことばかり。携わっているのは家族とパート数人という少人数で、〝超〟がつくほどの重労働を繰り返し、味噌や醤油を造っているのです。溜醤油の蔵元が軒を連ねるように密集しているエリアから車で数分。中定商店に着くと、6代目の中川安憲さんが出迎えてくれました。最盛期には200本近くあったという木桶が蔵の中に並んでいます。

原料は大豆と塩のみ。まず、大豆を蒸して「味噌玉」を造り、麹菌をまぶします。湿度約70パーセント、室温30度に保った環境で2日かけて麹を育て、2日間乾燥。こうして4日かけてできあがった麹は、桶に入れると半分が埋まるだけ。つまり、桶の本数の倍にもなる回数、この作業を繰り返すのです。こうした仕込み作業は冬場からスタート。まずは豆味噌の仕込みをして、次に溜醤油を仕込みます。一段

6代目の中川安憲さん

落するのはゴールデンウィークごろ。それまで何度も何度も同じ作業を続けます。

　濃口醤油の諸味（もろみ）は水分量が多いのでかき混ぜることができますが、溜醤油は水分が少なくてかき混ぜることができません。そのため、重石をどっしり載せて桶の底に液体を溜めます。桶の中央あたりに底のほうまで届く筒がさしてあり、桶の底にたまった液体は筒の中に入り込み上部に上がってきます。それを柄杓（ひしゃく）で汲み上げ、重石の上からかけるという、汲んではかけての繰り返しで液体を循環させます。この「汲みかけ」作業を、夏場は毎日、冬場は週に1回程度行います。

　搾りもまた、かなりの重労働です。水分の少ない溜醤油の諸味は味噌のような半固体。2メートル以上の高さがある桶の中に入り、スコップですくっては自分の身長よりも高い位置に置かれた容器に移してから圧搾場まで運ぶのです。

「夏場の敵はカビです。面白いことに、夏には自らをカビから守るかのように溜の液体が石の上に上がってくる。それが、冬場になるとスーッと下がっていく。なんとも不思議な光景で、醤油造りは生き物を相手にしていることなんだと実感するんです」

と、中川さんは言います。

冬場の仕込み、夏場の汲みかけ、そして搾りの作業。溜醤油造りは、年中休む間もありません。中川さんにその原動力をうかがうと、「おいしいものを造りたい。真面目な商売をしたいんですよ」とキッパリ。そして、「やっぱり好きなんですね。溜醤油造りや味噌造りが。100年以上続けてきたことなので、意地なのかもしれませんが、できる限りこのスタイルを守ってやりたい」

その話しぶりに、中定商店の溜醤油と豆味噌の人気の理由がわかる気がしました。

宝山 丸大豆たまり

杉の木桶で3年間、天然醸造させた豆味噌を搾った「宝山 丸大豆たまり」。焼けばつややかな照りとなり、つけたりかけたりすれば、濃いうま味が口に広がる。

納豆

大粒納豆なら大豆の味が、小粒納豆なら溜醤油のうま味と納豆の味のコンビネーションが楽しめる。

1. お好みの納豆を器に盛る
2. 「宝山 丸大豆たまり」をひと垂らし
3. かき混ぜて食べる

バニラアイスに醤油

店頭でのお客さんからのひとことが、とても大きな気づきになることがあります。率直な意見はいつも参考になりますが、その中でもいちばん驚いたのは、「バニラアイスにかけたらおいしかったわよ」というもの。思わず、「えっ⁉」と聞き返してしまいました。その意見を醤油屋さんに伝えると、「えっ⁉　本当ですか?」と私と全く同じ反応が。

その醤油は、再仕込醤油。ほかの醤油でも試してみると、定番の濃口醤油はあまりおいしく感じません。これは、再仕込醤油だからこその相性のよさ。再仕込醤油の中でも、さらに「キャラメル風味」と「みたらしだんご風味」に分類できることもわかってきました。番外編として、石孫本店（14ページ参照）の「みそたまり」、日東醸造（180ページ参照）の「しろたまり」を試すと塩キャラメルのようになって、これもなかなかです。

白醤油

素材の色合いを生かす

淡口よりさらに淡い琥珀色で、甘い味と香りが特徴の醤油。お吸い物や茶わん蒸しなど微妙な味わいを生かすので、料理好きには欠かせない。

!ポイント
料理に使うのがおすすめ。醤油の色がつかないので、豆ご飯やフリッター（洋風天ぷら）の下準備にも。

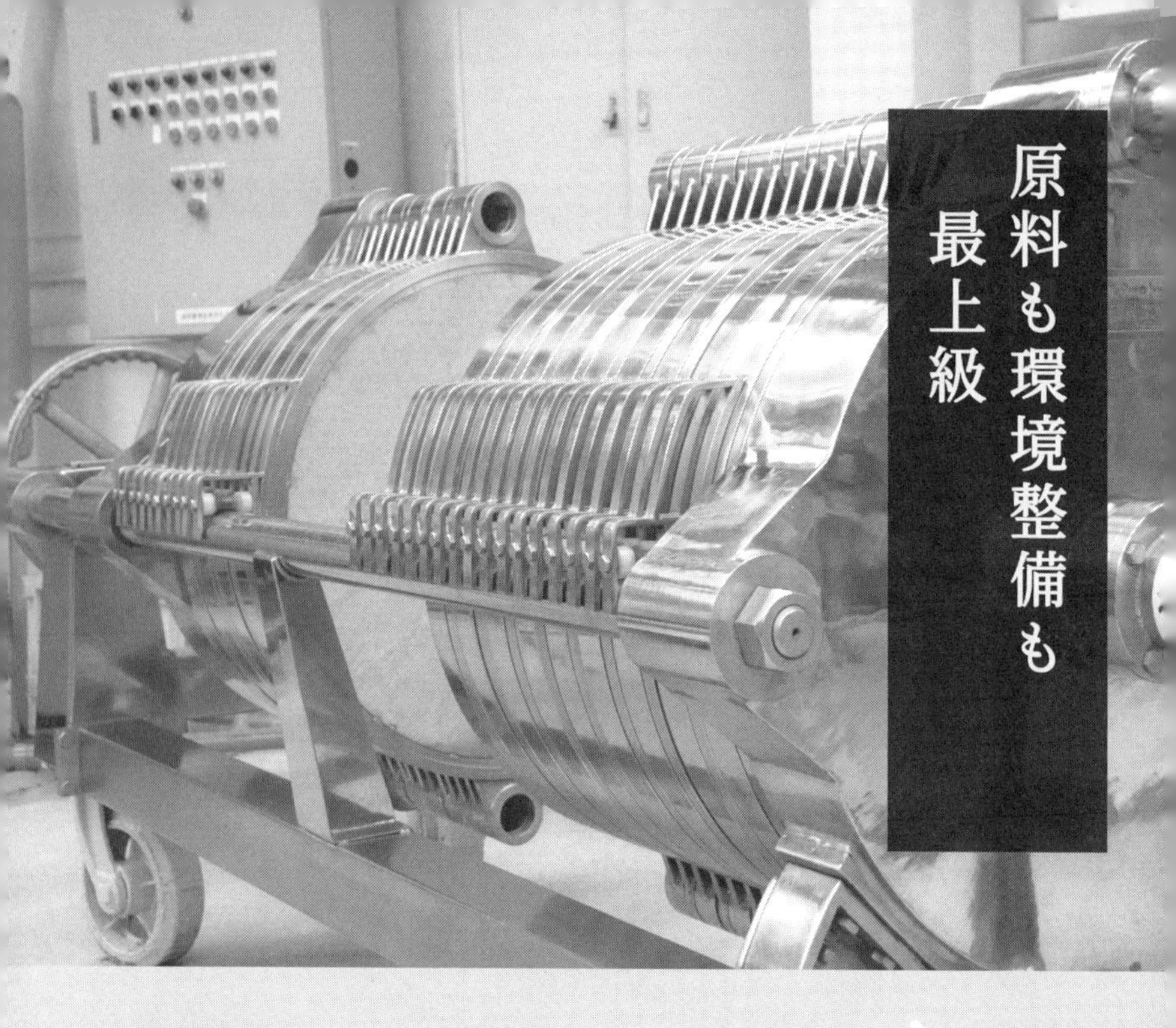

原料も環境整備も最上級

七福醸造
愛知県碧南市

昭和25(1950)年創業。日本で初めて“白だし”を造り、業界に先駆けてJAS有機白醤油工場の認定を受けるなど、先進的な取り組みを続けている。主力商品の「料亭白だし」に使われている白醤油の原料はすべて国産有機小麦。白だし、有機白醤油のほか、ラーメンやうどんのかえしに使うタレ、「たまご焼きの素」「おでんの素」など、各種加工品も製造。

〒447-0869
愛知県碧南市山神町2-7
TEL：0566-92-5213
www.7fukuj.co.jp
※見学可（要予約）

「職人醤油」を始めて間もなく、白醤油の蔵元を探してパソコン検索をしているうちに、その主生産地が愛知県碧南市であることを知りました。そこは、溜醤油の生産地である武豊町とは衣浦湾を挟んで向かい側。最も色の濃い溜醤油と、色の淡い白醤油とが、こんなに近いところで造られている――そこに興味を覚え、下調べもそこそこに碧南市を訪ねることにしたのです。

七福醸造は「白だし」を日本で初めて手がけたことでも知られ、商品には〝味も品質もプレミアムな白だし〟とキャッチフレーズがつけられています。

社長の犬塚元裕さん

地元のスーパーなどで調味料売場に行くと、ほかの大手メーカーの商品が200円で売られているのに対して、七福醸造の白だしはその3倍以上。この価格差でも、地域での支持は圧倒的だといいます。

初めての訪問はどの蔵元でも記憶に残ってい

工場の敷地内もきちんと整備されている

るものですが、中でも七福醸造は特にインパクトが強かった蔵元の一つ。ほかの蔵元とはひと味違う驚きにあふれていました。

工場の敷地に入り、隅のほうに車を停めて事務所に向かって歩いていると、最初の驚きがやってきました。荷物を運ぶフォークリフトを運転している作業員と目が合い、こちらが軽く会釈をしようとすると、フォークリフトが停まりました。明らかに荷物をおろす場所ではなかったので、どうしてだろうと思っていると、その人が地面におり立ち、「いらっしゃいませ！」と大きな声でキチッとお辞儀をしてあいさつしてくれたのです。

不意を突かれ、思わずこちらの背筋も伸びました。多くの蔵元を訪問してきましたが、製造現場は比較的シャイな方も多いので、わざわざフォークリフトからおりてあいさつしてくれるとは、全く想像しなかったことでした。

これまでに感じたことのない興奮と期待を抱えて事務所に入り、そんなあいさつをしていただいた驚きを伝えると、「当たり前のことですから」と淡々と答えてくれたのは、製造チームの鈴木貴士さん。日常的に工場見学を受け入れているとのことで、そのまま工場見学も快諾してもらいました。

さらなる驚きは、工場の扉の中にありました。

小麦や大豆といった原料を処理する部屋は、床も壁もきれいに塗装されていて、一見、工場とは思えないような空間です。しかも、設置されている設備はどれもピカピカ。「新品ですか?」と思わず口にしたほどです。

大豆を蒸すために使う「NK缶」と呼ばれる巨大な圧力釜の表面はよく磨かれていて、その前に立つと鏡のように自分の姿が映っています。一度でも使用すると高温になるため表面の輝きは失われるそうですが、そのたびに紙やすりで磨いているとのこ

大豆を蒸すNK缶の前に立つと鏡のように姿が映る

と。濾過装置は40年間も使っているそうですが、こちらも新品と見まごうほどです。この設備のメーカーからは、社内でもここまで保存状態のよいものはないので、役目を終えるときには譲ってほしいと言われているのだとか。

〝よい醤油が造られる現場は、清掃と整理整頓が徹底されている〟というのが、これまでさまざまな蔵を訪ね歩いた経験から得た共通の印象なのですが、七福醸造の場合は飛び抜けてきれいなのです。食品業界全体を見渡しても、ここまで環境整備が徹底されている現場は少ないのではないでしょうか。

社長の犬塚元裕さんに会い、「とにかく驚きました」と伝えると、「マニュアルって忘れてしまうこともあるじゃないですか。だけど、当たり前になってしまえば忘れませんからね」と言葉が返ってきました。

毎朝8時から1時間かけて、トイレや事務所を含めたそれぞれの担当場所をチリ一つないように徹底的に磨く。これが、七福醸造の名物にもなっている〝環境整備〟です。それに加え、工場を完全にストップさせての〝集中環境整備〟も年6回。その日は製造部門以外のスタッフも現場の設備に触れることになり、部署や業務をこえたコミュニケーションの場にもなっているそうです。

白だしの加工工程の現場には、鹿児島県枕崎産の本枯れ節の鰹節、大分県産のどんこ椎茸、北海道産の昆布など、一流料亭が使用するレベルの素材が並んでいます。聞けば、原材料には惜しげもなくコストをかける方針で、すべて最上級のものを使うよう心がけているとのこと。

かつて飲食店向けに営業をしていたときに、本枯れ節の鰹節を原料に使っていると伝えたところ、「うそをつくな!」と言われたこともあったのだとか。加工品の調味料にそんな高価な素材を使えるはずがないというわけです。「現場を見に行ってもい

原料に使う厚削りの本枯れ節とどんこ椎茸

いか？」と実際に飲食店の担当者が来たところ、感心しながら帰っていったそうです。

初めての訪問から5年ほど経った日、1通のメールが届きました。差出人は工場を案内してくれた鈴木さん。「工場長になりました」という内容に、さっそく会いに行って「おめでとう！」と伝えると、変わらぬ元気いっぱいの笑顔で迎えてくれました。

実は、鈴木さんのお父上も元工場長。七福醸造は親族が入社してくる割合も高く、もう少しすると3世代が同時に勤務する家族も出てきそうなのだとか。

地域に愛される白醤油を造る七福醸造は、働

料亭白だし

有機白醤油とこだわり原料仕立てのだしをたっぷり使った16倍濃縮の「料亭白だし」。お吸い物や茶わん蒸しに使えば、風味がよく素材の彩りも生きる。

トマトのお吸い物

暑い夏にひときわおいしい一品。さっぱりしていてトマトのほどよい酸味が楽しめる。

1. トマトはザク切りにする
2. 鍋に「料亭白だし」と水を1:15の割合で入れて火にかける
3. 煮立ったらトマトを加え、ひと煮立ちしたら椀に盛り、白髪ネギを散らしてできあがり

工場長の鈴木貴士さん

くスタッフにとっても職場という存在をこえた、より特別なものなのかもしれません。

日東醸造
愛知県碧南市

大正時代（1912～1926）の初期に、初代・神谷末吉が碧南市にて両口屋商店を創業、白醤油・ソースの製造に着手する。昭和29（1954）年に日東醸造と商号を変更。主力商品の「しろたまり」は、自社比で通常の白醤油の2倍の小麦を使い、濃厚に仕上げたもの。ほかに白だしや、そば・そうめんのつゆ、寄せ鍋のタレなど加工品も造る。

〒447-0868
愛知県碧南市松江町6丁目
71番地
TEL：0566-41-0156
nitto-j.com
※見学可（要予約）

いつものようにアポイントも取らずに訪ねた日東醸造。駐車場に車を停めて横断歩道を渡ると事務所と倉庫らしき建物があり、フォークリフトが醤油の詰められた段ボール箱を運んでいます。〝事務所は2階〟という案内板に従い、鉄製の階段をのぼって事務所のドアを開けると、きちっと制服を着こなした受付の人が「いらっしゃいませ」と迎えてくれました。

これまでは比較的小規模の醤油蔵が多く、アポなしで訪ねても話をしていると奥から社長さんが出てきてくれるというのがパターン。ところが、ここはちょっと様子が違います。受付の制服姿も初めてだったかもしれません。

社長の蜷川洋一さん

「各地の醤油を100ミリリットルサイズの小瓶に詰めて販売しています。愛知県の醤油の勉強がしたいので、どなたか話をうかがえないでしょうか」とお願いすると、少し困惑の表情を浮かべながら奥に相談に行き、代わって男性

白醤油

が出てくれました。
詳しく覚えていないものの、社長さんが不在であること、白醤油は賞味期限設定も短く、色の変化を防ぐためにも小容量は向いていないなど、そのようなニュアンスだったと思います。要は、体よく断られたのでした。

それから数年が経ち、ある誘いをいただきました。それは、「日東醸造足助工場の見学に同行しませんか？」というもの。誘ってくれたのは、日本豆腐マイスター協会の代表理事で、豆腐の魅力を伝えることができる人を増やそうと奔走していた磯貝剛成さん。これが、私と日東醸造との再会になりました。

愛知県の奥三河、足助町にある工場は、本社と工場のある碧南市から車で90分ほどの距離。地元の人が「愛知の北海道」と表現するほど夏でもエアコンいらずの山里で、冬場は雪の影響で行くだけでもひと苦労だそうです。
雪がまだ残る足助町に到着すると、「外観は小学校だからすぐにわかる」と聞いていたとおり、ほどなくして2階建ての建物が目に入ってきました。校庭も門構えも小

木桶をのぞいて中の状態を確認する

学校そのものですが、フォークリフトが見え、全身真っ白の作業服を着ている人たちが働いています。

出迎えてくれた社長の蜷川洋一さんが、小学校の校舎を利用した蔵についての経緯を説明してくれました。

話は平成の初めにさかのぼります。

「昔の白醤油は違った気がする」という先代のひとことから始まった白醤油造りの見直し。その違いは何に起因するのか。製法なのか原料なのか、先代のわずかな記憶を頼りにした昔の白醤油探しが続いたそうです。麹と仕込み水の割合を通常の1対2から1対1に変えてみると、収量は少なくなるもののしっかりした味にな

廃校になった小学校を利用した足助工場

る。でも、そうすると白醤油の特徴である淡い琥珀色が濃くなってしまい、白醤油の色の基準から外れてしまう。では、色が濃くなる要因の一つである大豆の量を減らしてみよう……。そんな試行錯誤を繰り返す中、よい水を探すことも大きな課題だったそうです。

「いつも頭の中は水のことばかりでした」と振り返る蜷川さん。人に会ってまず質問するのも、良質な水のありかです。

するとある町の助役さんから、「あるよ！」と思いがけない回答が。現地に同行すると、行く手は深い山道。本当にこの先に町はあるのかと不安を抱えつつ車を走らせると、頂上を過ぎて間もなく集落を一望できる開けた場所に出ました。

「この風景にやられてしまいました。ここで醬油を造りたいと思ってしまったんですよ！」と、蜷川さんは笑います。

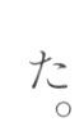

当初は、この良質な水を本社工場に運び込む予定だったそうですが、ちょうど廃校になった小学校の建物を借りられることになったため、この地で醬油を造ることに。ところが、そこに思いがけない難題が立ちはだかりました。それは、地元の理解を得ること。車で90分も離れた町中の会社が、こんな山深い地に醬油工場を造る——地元の人たちからすれば、「なぜ？」となるのは当然のことだと思います。

「絶対に怪しい！　何かよからぬことを企んでいるのではないか」と、何度話し合い

原料は小麦と塩、そして天然水

碧南市にある本社工場

をしても進展しなかったのだとか。そこで、マイクロバスを仕立てて地元の人たちを本社工場の見学に招待。すると、「本当に醤油を造っているんだ！」と、一気に話が進んだそうです。

木桶の並ぶ仕込み蔵の見学を終えて外に出ると、近隣の住民が蜷川さんを見つけて「ちょっと寄っていきなよ」と手招き。私も一緒にコタツを囲み、醸造所の設置に反対していた当時の様子をうかがおうとすると、「今は日東醸造が誇りなんよ。もっと多くの人に知らせたい。あなたは醤油を売っているんだろ？　だったら日東醸造を世界に紹介してくれよ！」

いつの間にかご近所さんが日東醸造の営業マン状態になり、どんどん話が熱を帯びていきます。蜷川さんは恥ずかしさのピークに達したように「そろそろ……」と口にするも、一切お構いなし。地元応援団の日東醸造自慢話は続きました。

地域にとっても大切な存在となった日東醸造。将来を見据え、足助工場の周辺で無農薬の小麦を試験的に栽培するなど、地域交流も踏まえた取り組みを続け、今では毎年、顧客や社員、取引先、それに地域の人たちが集まってお祭りが開かれています。

三河しろたまり

大豆を使っていないので法規上は小麦醸造調味料だが、白醤油と同様の製法で造られている。

卵焼き

「三河しろたまり」なら、黄色のきれいな卵焼きができる。

1. 卵に砂糖少々を加え、箸で軽くほぐす
2. 「三河しろたまり」を加えて混ぜる。少量で塩味が立つので控えめに
3. フライパンに油をひき、中火で半量の卵を焼く
4. 手早く巻き上げ、残りの卵を加えて焼く
5. 火を止めて余熱で火を通す

創意工夫で大量の仕込みを実現

ヤマシン醸造

愛知県碧南市

享和2(1802)年創業。醤油、味醂の醸造や質屋を営むかたわら、白醤油の製造を始める。主力商品の「ヤマシン白醤油」をはじめ、「オリーブ白しょう油」「白ぽん酢」「しらつゆ」などの加工品も製造している。白醤油は醤油特有の豆臭さが少ないことに目をつけ、「ゴールドカラーの調味料」としてフレンチやイタリアンにも使ってもらおうと、積極的に海外にもPRしている。

〒447-0064
愛知県碧南市西山町3-36
TEL：0566-41-2231
www.yamashin-shoyu.co.jp
※見学可（要予約）

碧南市にある3つの白醤油蔵のうち、「職人醤油」に参画していたのは七福醸造（172ページ参照）と日東醸造（180ページ参照）の2蔵。残るヤマシン醸造にも、ぜひ加わっていただきたいと思っていました。日東醸造の蜷川洋一社長にそのことを相談すると、「じゃあ、ヤマシンさんに話をしておくよ！」と、とんとん拍子に話が進み、あっという間に訪問のアポイントを取りつけてくれました。

快晴に恵まれた訪問日、出迎えてくれたのは、がっちりとした体格の岡島晋一社長（右ページ）。原料処理の工程を案内してくれました。

ヤマシン醸造では現在、約80本の木桶で白醤油を造っています。色の淡さが重要な白醤油の場合、色がつきやすい木桶による天然醸造は不向きなのではと思われがちですが、ここではさまざまな工夫が施されています。

一般的に、醤油は仕込み期間が長くなるほど色が濃くなります。そこで、一度に多くの量を仕込むことができれば、より短期間かつ同一条件で管理することができるので、淡い色合いを保つことができるというわけです。ヤマシン醸造には、蒸気の中をベルトコンベアーが通過することで大量の原材料を蒸せる装置が設置されていて、一

「のみ口」から搾りたての白醤油が

度に6トンもの仕込みができます。短期間で均一の品質管理を可能にしています。

工夫は製造工程の随所に見られます。たとえば、できあがった麹（こうじ）に塩水を加えた後は何もしません。これは、白醤油にできる限り糖分を残すため。桶の中の様子が心配になってしまうのが造り手の心境ですが、桶の中で白醤油が自身の力によって対流し、均一化するのを辛抱強く待つのです。

さらに、仕込みのたびに、もっと工夫ができないかと追求を続け、ある程度の温度を上げた塩水で仕込むとよいことがわかりました。

「木桶だと1週間くらいは温度がキープできる。最初は心配だったのですが、木桶ってすごいですよね」と岡島さんは言います。

話題がふと、桶の下部に開けられた穴につける「のみ口」という栓に及んだときのこと。「これを作る職人さんが廃業してしまって」と岡島さんが口にすると、同行してくれた日東醸造の蜷川さんが、「うちも同じ。再利用できそうなものが見つかればすぐに確保していますよ」。その後は白醤油をめぐる会話が続きました。

同業者同士の仲がよい白醤油の郷、碧南市。この蔵人たちの造る白醤油をもっと全国のあちらこちらで使ってほしい……期待が膨らむ訪問となりました。

ヤマシン白醤油

素材の色合いや風味を生かすので、さまざまな料理に使いやすい。オリーブオイルとの相性もよいので洋食にも。

白醤油のアヒージョ

塩の代わりに「ヤマシン白醤油」を使うと、まろやかな味わいに。フランスパンを浸せば、ほのかに醤油の香りも楽しめる。

1. 鍋にオリーブオイル、ニンニクのみじん切り、唐辛子を入れて、火にかける
2. 好みの具材を入れ、火が通ったら「ヤマシン白醤油」を入れて味を調える

木桶のこと

かつて醤油は、それぞれの地域で造り、同じ地域で販売していたものでした。そのため、隣り合う醤油蔵は、ライバル同士。仲がよくないのもうなずける業界でしたが、この関係に明らかな変化が起こっています。

「木桶で造ると、醤油がうまいんですよ」と話すのは、ヤマロク醤油（132ページ参照）の山本康夫さん。木桶が多く残る小豆島にある蔵元です。戦前まで、醤油や味噌といった和食に欠かせない調味料や日本酒は木桶仕込みでしたが、手間がかかることから減少の一途をたどりました。木桶仕込み醤油のシェアは1％ほどという現状に、「小さなパイを奪い合うよりも、皆で協力してシェアを2％にするほうがいい」というわけで、山本さんが立ち上げたのが木桶職人復活プロジェクト。毎年1月に各地の醤油蔵、酒蔵、味噌蔵、それに流通関係者が集まり、一緒に木桶作りをしています。

KIOKE

木桶を伝えて増やすためのサイト

木桶のポータルサイト。木桶仕込みをしている蔵元紹介や木桶に関するニュース、イベントを掲載

www.s-shoyu.com/kioke

甘口醤油

蔵の個性で
甘さもさまざま

九州や北陸などで一般的な甘い醤油。JAS規格では濃口醤油に分類。海沿いの地域ほど甘みが強いなど、それぞれの土地に根ざした特徴がある。

！ポイント
ある人にとっては懐かしく、ある人にとっては新鮮な味わい。焼きおにぎりや卵かけご飯、白身魚の刺し身にも。

東アジアへ届ける地域の味

長友味噌醤油醸造元
宮崎県宮崎市

明治10（1877）年創業。「カネナ」の屋号で地元に親しまれている。自家製の麹（こうじ）を使う天然熟成と熟練の職人による手造りにこだわり、南九州の食文化である甘口醤油と麦味噌の味を守り続けている。濃口の「福」「さしみ」「本醸造」、淡口醤油、また、ぽん酢醤油などの加工品や味噌も製造。平成22（2010）年からシンガポールにも販路を求め、海外進出を図っている。

★

〒889-2162
宮崎県宮崎市青島5丁目
8番1号
TEL：0985-65-1226
kanena.jp
※見学可（要予約）

九州は独特の醤油文化圏。うま味成分が凝縮されたアミノ酸液を加えていることが特徴で、甘味料も併用するために甘い醤油が主流です。醤油の規格でいうところの「混合」「混合醸造」という製法にあたります。

この九州の醤油との出会いは、私にとってもカルチャーショックでした。

群馬県前橋市にある「職人醤油」本店を出て、相変わらずアポイントなしの訪問を繰り返しながら車で約1500キロ走り、九州へ。宮崎県に向かって南下すると、途中で立ち寄る飲食店の味つけが明らかに甘くなってきたのがわかりました。

道すがら寄ったスーパーマーケットの醤油コーナーには、今まで見たことのない色とりどりのパッケージがずらり。地域にたくさんの醤油メーカーがあり、それぞれの甘さ加減があるので、「わが家は代々、○○醤油を使っている」というように、家庭の味と醤油メーカーが密接に結びついています。

生産現場も、これまで見てきた本州や四国の醤油蔵とは異なります。原材料から仕込むのではなく、共同工場などで造られた諸味(もろみ)を搾った生揚(きあげ)醤油を仕入れ、その後、自社で火入れや甘みづけをして出荷をするケースが多く、原材料から醤油造りを手が

塩見裕一郎さんと陽子さん夫妻

ける醤油蔵は少ないようです。

ところが、いくつかの醤油蔵を見学させていただく中で、「宮崎市に諸味から造っている醤油蔵がある」との情報が。さっそく住所を調べて向かうことにしました。

ヤシの木が延々と続く国道を南下し、車の窓を全開にして南国の空気を感じていると、青島という地域に入りました。ここは大きな港のある漁師町で、伊勢エビやカンパチ、ハモなどが有名だそう。そのままカーナビに誘導されて川沿いの小道を進むと、「長友味噌醤油醸造元」と書かれた表札が見えてきました。

強い日差しと真っ青な空の下、敷地には仕込み作業に使ったと思われる大きなザルが何枚も天日干しされています。事務所とおぼしき建物で事情を説明すると、意外な出迎えを受けました。

創業140年余、地元で欠かせない味を守る

まずは、「あれ〜！」という大きなリアクション。「知ってますよ、職人醤油さん。本当にアポなしで来るんですね！」と宮崎弁交じりで元気いっぱいに対応してくれたのは、この蔵の娘さんの塩見陽子さん。「主人を呼んできますね」と小走りで現場に向かい、Tシャツ姿で汗だくの裕一郎さんと一緒に戻ってきました。2人とも満面の笑顔。「南国のご夫婦」という印象が強く残っています。

長友味噌醤油醸造元は陽子さんのご実家で、結婚当初は家業を継ぐ気はなかったそうで……と、ここまではよく耳にする話。驚いたのは、裕一郎さんの経歴です。かつてスイス系の銀行に勤務し、結婚後は陽子さんとともにシンガ

できあがった醤油は手作業で丁寧に容器に充填される

ポールに駐在。それが、先代の長友昭彦さんが亡くなったことをきっかけに、陽子さんの実家を継ぐことに。

「100年をこえる伝統を持つ醤油蔵に、自分たちがピリオドを打つことは簡単だけど、後悔してしまうかもしれない。それならば、〝やってから決めよう〟と思ったんです」

シンガポールに住んでいるうちに、「日本のよさがどんどんわかってきたことも、蔵を継ごうという気持ちを後押しした」と裕一郎さんは振り返ります。

麹造りから自社で手がける長友味噌醤油醸造元のやり方は、先代がかたくなに守り続けたもの。陽子さんのお母さまである長友悠子さんは、「やっぱりうちの醤油は風味が違う。どんなに大変でも自分たちで一から手がけていきたい」と、今も現役で醤油造りを支えています。

ひととおり現場を見学させてもらううちに、熱心に解説をしてくれる若い夫婦の人柄がすっかり好きになってしまい、その場で「ぜひ100ミリリットルサイズの醤油を」とお願いしました。

すると驚いた表情で、「正直、うちの醤油を扱っていただけるとは思っていませんでした」と言うのです。理由を聞いてみると、「アミノ酸液が入っているし、甘味料もたくさん入っているので」と。

さらに、「もし扱っていただけるなら、サッカリンは抜いたほうがいいですよね？」と言います。聞くと、県外の大きな小売店や問屋から「サッカリンは抜いてほしい」と言われるそうで、地元向けにはサッカリンが入ったもの、九州の外には抜いたものと、2種類造っているのだそうです。

サッカリンは、かつてかき氷のシロップなどに使われていた甘味料で、砂糖より強

南国の日が差す仕込み場

い独特な甘さがあります。１９６０年代に発がん性が疑われ悪者扱いされましたが、その後、さまざまな動物実験を経た結果、発がん性は示されず、現在では発がん性物質リストから削除されています。それでも昔のままのイメージで、小売店などからは「サッカリンを使っていないものを」とリクエストがあるのだそうです。

「地元では、どう言われているのですか？」と聞くと、「サッカリンが入っていないと、味が変わった、甘さが違うと、怒られるんですよ」

地元の人にとって、子どものころから慣れ親しみ、地域の食文化にとって欠かせない味。私は、「職人醤油で扱うなら、地元の人たちが日常生活で使っているものがいい」と伝えました。

そんなやりとりからお付き合いが始まって、もう6年ほどになるでしょうか。電話をするたびに、いつも「あ～、万太郎さん！」と元気のよい陽子さんの声が響きます。裕一郎さんはかつての仕事の経験を生かし、頻繁にシンガポールに醤油や味噌を抱えて出向いているそうで、「宮崎からだと東京よりも東アジアのほうが近いんですよ」と笑います。いつも、こんなやりとり。電話で話すたびにご夫婦の笑顔が想像できて、元気をもらっています。

この1本で
この料理

カネナしょうゆ 福

南国宮崎・青島の自然の中で造られた醤油をベースに、地元に親しまれてきた甘みをプラス。煮つけなどの味つけにはこれ1本で十分。隠し味にも最適。

おかかおにぎり

おかかとご飯が相性抜群なのは、日本人なら誰でも知っているはず。「カネナしょうゆ 福」を使うと、「こんなにおいしかったのか！」と新たな感動が。

1. 鰹節と「カネナしょうゆ 福」をなじませる
2. おかかを具材として中心部に入れても、まぜご飯にして握ってもよい

商圏は小さく、志は大きく

桑田醤油
山口県防府市

　昭和2(1927)年創業。防府天満宮のふもとで天然醸造、杉樽仕込み、天然水使用にこだわる醤油造りを守る。地元・山口県産丸大豆と山口県産小麦で仕込む醤油は、地産地消の証明である「正直やまぐち」マークの使用が醤油では唯一、認められている。甘口醤油以外に濃口、淡口などの醤油、ぽん酢醤油や卵かけ醤油といった加工品も製造している。

〒747-0029
山口県防府市松崎町8-11
TEL：0835-22-0386
sugidaru-shouyu.com
※見学可（要予約）

桑田醤油のご主人、桑田浩志さんの経歴はユニークです。前身は、数々の情報誌や起業家を輩出することで知られる「リクルート」の敏腕営業マンだったのです。

醤油蔵の跡取り息子の歩む道は、大きく2つあるように感じています。東京農業大学などで発酵醸造を学び、同業で経験を積んで家業に戻るパターンと、全く異なる業界に出てから戻ってくるパターン。そして、桑田さんの場合は後者。実は、ITベンチャー企業の立ち上げを計画し、家業に戻ってくるつもりはなかったのだそうです。

桑田浩志さんと麻衣子さん夫妻

転機は、帰省した折に配達を手伝おうと、山奥にあるお年寄りの家を訪ねたことでした。「片道40分以上かけて1本数百円の醤油を置いて帰ってくる。完全に赤字ですよね。でも『桑田醤油じゃなきゃダメなんじゃ』と、キラキラした笑顔で言ってくれるお年寄りがいる。そのとき、〝利益を上げることだけが仕事じゃない〟と強く感じたのです」
そんな桑田さんの方針は、〝超〟地元密着。都心で

甘口醤油

仕事をしてきた経験を生かせば、付加価値のある高級醤油を首都圏向けに販売するという発想になりそうなものですが、「うちの商圏は山口県」と言いきります。

山口県では、一般的に甘い醤油が使われています。原料は脱脂加工大豆が中心で、アミノ酸液や甘味料を添加して甘みづけをしています。地元の醤油メーカーも丸大豆をベースにする醤油はほとんどありませんでした。それならば、山口県でしかできない醤油を造りたい――。その思いから、山口県産の丸大豆と小麦を使用し、この地で100年の歴史を刻んできた杉の木桶を使い、地元の四季を感じながらの醤油造りに挑戦。本書に登場する岡直三郎商店(144ページ参照)など同業の仲間から丸大豆仕込みの教えを請い、試行錯誤の末に地産地消の醤油造りに成功したのです。

醤油には、大豆、小麦、塩以外の原材料は使わない無添加と、アミノ酸液や甘味料などを加える有添加があります。それぞれメリットとデメリットがあり、一概に添加物が入っているから「ダメな醤油」ではありません。添加物は国が安全性を認めたものだけですし、中国地域、九州や北陸などの多くは、地域で愛される味わいとして、添加物を使った醤油が一般的です。

でも、このような情報は必ずしも消費者に届いていないように思います。桑田醤油は、無添加・有添加の両方だけでなく、製法の異なる本醸造・混合・混合醸造の3種類すべてがそろう珍しい蔵。だからこそ、「甘い醤油をプライドを持って造り続けたい」という桑田さんの言葉は、とても力強い。これは、顧客の顔が見えるくらいに商圏を限定することで見えてきた彼の信念のようなものかもしれません。

「消費者に対して真っすぐで正直な醤油屋でありたい」

その言葉は、いつも前向きな力強さにあふれています。

この1本でこの料理

マルクワ醤油 うまくち

山口県産の小麦を使い、杉桶で1年半熟成。

コロッケ

おかみさんの麻衣子さんイチオシ。ジャガイモの甘みが引き立つ。

1. ジャガイモ(6個)はゆでてつぶす
2. タマネギ(1/2個)はみじん切りにしてひき肉(200グラム)と一緒に炒め、塩コショウを少々と「マルクワ醤油うまくち」(小さじ1)、**1**を加える
3. 俵形にまとめ、小麦粉(適量)、卵(2個)、パン粉(適量)をつけて中温で揚げる

「至誠一貫」で進取の取り組み

鷹取醤油
岡山県備前市

　明治38(1905)年創業。代々、地元に愛されるまろやかで素朴な味を追求している。甘口醤油の「ふしいち」をはじめ、「だしつゆ本かえし」や「めんつゆ」、瓶の中にニンニクの実物が入っている「にんにく醤油」やぽん酢醤油などの加工品、ドレッシングなども造る。隣接した直営店「燕来庵」では口コミで人気が高まっている「しょうゆソフトクリーム」も食せる。

★

〒705-0012
岡山県備前市香登本887番地
TEL：0869-66-9033
takatori-shoyu.co.jp
※見学可（要予約）

焼き物で有名な岡山県備前市。鷹取醤油の社長、鷹取宏尚さんに連れてきてもらった食堂で目にしたのは、焼きうどんにホルモンが入って甘辛いタレで味つけされたもの。「このあたりの名物なんよ。〝ホルモンうどん〟ゆうてな、B級グルメなんて騒がれてるわ」と、鷹取さん。一見すると、こわもて。話していても底知れぬ威圧感を感じます。それが一緒に蔵の周りを歩いていると、すれ違う人すべてに「こんにちわぁ！」と声をかけ、その表情は驚くほどやさしい。しかも、声が大きいからよく響くのです。

鷹取さんは、実は醤油屋を継ぐ気はなかったのだそう。と、ここまではよく耳にするエピソードなのですが、家業を継ごうと決めたきっかけは少し変わっています。

信用金庫の営業マンをしていた27歳のある日、子どものころから見知った醤油屋さんから、預金をしてくれるという連絡が。今月も営

社長の鷹取宏尚さん

醤油ソフトクリームが食べられる店舗が併設されている

業目標が達成できそうだと笑顔で訪問すると、いつもと様子が違います。そして、その醤油屋の主人はひとこと。「家業はどうするんだ？」

鷹取さんが答えに躊躇（ちゅうちょ）していると、「おまえみたいなのがいるから、日本中の醤油屋がすたれるんだ！」と怒鳴られたといいます。


それからの一念発起の奮闘ぶりは、一冊の本になってしまうほどのエピソードが満載。とにかく最初は自分の給料も出ない状態だったそうです。日中は現場で作業。その後の営業は、飲食店が閉店した深夜になってしまったそうですが、ライバルは全く営業していない時間帯。少しずつ売り上げが伸びて、蔵のスタッフも増えてきました。

蔵は若いスタッフが多く、活気に満ちあふれています。

醤油ソフトクリームの販売を始めるなど、進取の取り組みが地元メディアの紹介などで知られるようになり、最近では遠方からの訪問者も増えてきました。気づくと、年中無休のようなペース。スタッフにも負担が及んでいると気にかけていたある雨の日、駐車場にお客さんの車が停まると見るや、傘を持って駆け出すスタッフの姿が。聞けば、「雨になりそうだったので、朝のうちにコンビニで傘をまとめて買っておいたんです」。その言葉が本当にうれしかったと、鷹取さんのこわもてがゆるみます。

「至誠一貫」とは、鷹取醤油の事務所の壁にかかっている行動精神にある言葉。鷹取さんが積み上げてきたものが、その言葉どおりに若いスタッフに浸透していることを、蔵を訪ねるたびに実感するのです。

ふしいち 桐

色は淡口と濃口の中間くらいで、甘みたっぷり。うま味も高く、刺し身などのかけ醤油、卵かけご飯にも。

三杯酢

最近は出来合いのものも多い三杯酢。少し手間をかけて自作してみると、味わいの違いがわかる。「ふしいち 桐」を使えば、ところてんもちょっとしたごちそうに。

1. 酢大さじ4、だし大さじ4、「ふしいち 桐」大さじ2の割合で混ぜる
2. ところてんや酢の物にかける

ご当地グルメを支える味わい

野村醤油
福井県大野市

江戸期は木桶作りを営む老舗だったが、明治(1968年〜)初期に、初代・野村重吉が木桶を使って現在地で味噌・醤油の醸造場を創業したと伝わる。大本山永平寺の御用達。甘みとうま味が特徴の甘口醤油をはじめ、貴重な青大豆を使った醤油、醤油カツ丼用のタレや越前おろしそば用のタレなどの醤油加工品や味噌を製造。蔵での体験イベントにも力を入れている。

〒912-0051
福井県大野市日吉町10-1
TEL：0779-66-2072
nomura-syouyu.jp
※見学可（要予約）

福井県大野市の観光ガイドのホームページに大きく紹介されている「醤油カツ丼」。その定義は「福井県産の醤油を使用した醤油ダレを使う」「カツ(カツであれば素材を問わない)を盛ること」「たっぷりと野菜(薬味程度ではなくメインとして)を盛ること」の3つ。今では福井県内の50店舗以上で個性的なメニューが続々と開発され、すっかりご当地グルメとして定着しているそうです。

その仕掛け人が、野村醤油の6代目である野村明志さん。県下の醤油醸造場で唯一、大本山永平寺御用達である老舗醤油屋の跡継ぎにして、新しい試みが大好き。いつの間にか仲間が集まり、「世界醤油カツ丼機構」なる組織まで旗揚げしたというから、驚きです。

6代目の野村明志さん

野村醤油は福井県の東部に位置し、奥越前の中心地として栄えてきた大野市にあります。ここは積雪も多く広大な森林があり、白山水系の雪解け水からなる湧き水の宝庫。良質な水が豊富なところには醸造業が発

木箱に一升瓶がぎっしり並ぶ店内

展するもので、大野市にも醤油蔵や酒蔵が多く残っています。

この地域で好まれる醤油は甘くて薄め、醸造法でいうとアミノ酸を添加する混合方式が主流です。原料も輸入された脱脂加工大豆が多いのですが、野村さんが取り組んだのは、地元である大野市ならではの醤油造りです。

「青大豆」というと、あまり聞き慣れない品種かもしれません。濃い緑色で大粒、豆自体にとても甘みがあることが特徴。高級な豆腐やきな粉に使われることが多いものの、生産量は少なく、一般に目にする機会はほとんどないでしょう。

「青豆しょうゆ」は、地元の大豆生産者「ゆいファーム」が手がける青大豆の甘い風味を生かした醤油にするために、大野市の気候に任せる2年間の天然醸造。地域に根ざした野村醤油の姿勢を示す商品です。

最近、開設された野村醤油のホームページがまた、野村さんらしい。「体験蔵 重右ェ門」と名づけられたウェブサイトは、オンラインショップよりも蔵見学と醤油造り体験を案内するコンテンツがメインの構成。「とにかく大野市に来てください」というメッセージを感じます。

創業から約100年。代々、地元に親身な姿勢は、野村さんにしっかり受け継がれています。

大野のおしょうゆ

北陸の小京都・越前大野で愛され続けている甘口の醤油。焼きおにぎりのほか、卵かけご飯にもおすすめ。

焼きおにぎり

「"大野のおしょうゆ" だとおいしい！」との口コミが広がり、来店する方が相次いだ「職人醤油」本店発のレシピ。

1. 温かいご飯でおにぎりを作る
2. 皿にクッキングシートを敷き、オーブントースターで2分ほど焼き、「大野のおしょうゆ」を塗る。さらに2分くらい焼いてできあがり

レンガ室で醸成される うま味

畑醸造
富山県小矢部市

国産の原料を使い、麹蓋など昔ながらの道具を使う伝統的な製法と、木桶で３年かけて熟成させる醸造法は、日本有数の貴重なもの。北陸でも海に近い富山県ならではの甘さが引き立つ「いなか醤油」や丸大豆を使った「北陸」、発酵学者・小泉武夫氏が「我、幻醤ヲ見タリ」と絶賛した「幻醤」、さらにオリジナルドレッシングも製造している。

〒932-0122
富山県小矢部市浅地800番地
TEL：0766-61-2111
※見学可（要予約）

富山県小矢部市。高速道路をおりて車を走らせると、自然が広がる田舎の光景が続きます。が、よく見るのどかな風景とは、どこか少し違います。この景観を特徴づけているのは、家々の屋根の上で黒光りする重厚感のある漆黒瓦。窯業が盛んな土地柄ならではの分厚い瓦は、厳しい冬の風雪から家々を守っているのでしょう。

4代目の畑彰さん

畑醸造を初めて訪問したのは、もう10年以上前のこと。当時も今もホームページを持っておらず、どこかで入手した醤油のラベルにあった住所を頼りに向かったことを覚えています。

いつもながらアポなしの飛び込み訪問とはいえ、事前情報が全くない状態。ドキドキしながら扉を開けると、昭和初期に建造というレンガ造りの麹室(むろ)が出迎えてくれました。冬場には外気温が氷点下になる豪雪地帯。「レンガが呼吸をしてくれるので、麹への影響を少なくできるんです」と、4代目の畑彰さんが説明してくれました。

甘口醤油

昭和の初めに建てられたレンガ造りの室に
麹蓋が積み重ねられている

この地域は「混合醤油」といって、アミノ酸液を加える醸造法による甘い醤油が一般的です。畑醸造では、そのような醤油を手がける一方で、原材料もすべて国産で昔ながらの麹蓋を使った製法も守っています。麹蓋での仕込みは手間と時間がかかるうえに道具の管理も大変です。畑さんは、どこかの蔵が〝醤油や味噌造りをやめる〟という話を聞くたびに各地に出向き、道具を譲り受けてきたそうです。なるほど、確かに麹蓋は大きさがバラバラ。でも、そのどれもがとてもきれいに手入れされ、使い込まれています。

かつては、一升瓶の醤油を10本、まとめて配達することも珍しくなかったそうです。それが徐々に減り、いつからかお得意さまから「少ない量なのに持ってきてもらって申し訳ない」という声が聞かれるようになったのだとか。

「それならば、蔵に買いに来ていただけるようにはできないだろうか」

そこで畑さんが考えたのが、蔵に隣接する「蔵元宗珍」という直売所です。ここの品ぞろえは、醤油はもちろん、惣菜や野菜なども、スーパーマーケットでは買えないような珍しいものばかり。

「今では、若いスタッフと地元のお年寄りとの交流の場にもなっています」と畑さん。

見るところ、それどころかもはや地域のコミュニティーの場として欠かせない存在となっているようです。

いなか醤油

北陸地方の醤油は甘いが、海に近い地域ほど甘さが増す。魚介料理には欠かせない存在。焼きおにぎりや温泉卵にも。

タイの刺し身

新鮮でプリプリした白身の刺し身には、甘い醤油もおいしい。海釣りをすることがあれば、「いなか醤油」を持参して、その場で釣った魚を食してみるのもおすすめです。

1. タイの刺し身を用意する
2. 「いなか醤油」をつけて食す。ワサビやショウガなどの薬味を加えてもおいしい

変わらぬ味と親しみやすさ

福岡醤油店
三重県伊賀市

明治28(1895)年創業。当時の蔵や道具を使い続けている。蔵は登録有形文化財に登録されており、バスツアーでの観光客が絶えない。「はさめず」の商品名で親しまれている甘口醤油、塩分を控えた淡口醤油、溜タイプの醤油などを製造。また、イスラム法上で食べることが許される「ハラル認証」を受けた醤油なども製造している。

〒519-1711
三重県伊賀市島ヶ原1330
TEL：0595-59-3121
www.hasamezu.com
※見学可（要予約）

「職人醤油」の店頭でお客さまから「〝ささずめ〟って醤油ありますか？」と聞かれることがあります。または、「〝はしずめ〟って醤油……」ということも。「もしかすると〝はさめず〟ではないですか？」と実物の瓶をお見せすると、「あぁ、それそれ！」となります。商品名の言い間違いランキングがあるとしたら、1位になるのはこの福岡醤油店が手がける「はさめず」に違いありません。

その名の意味は、最後にご紹介しましょう。

社長の川向啓造さん

〝忍者の里〟として知られる三重県伊賀市。高速道路をおりて車を走らせていると、今でも本当に忍者が修行していそうな山野が続いています。

福岡醤油店のある島ヶ原地域に入ると、瓦ぶきの立派な家々が姿を現します。その中の1軒で、ひときわ真っ黒な瓦屋根の際立つ建物が福岡醤油店。

「あそこの家とほぼ同時期に建てたんだけど、瓦の色が全然違うでしょ？」と、社長の川向啓造さんが周囲の家を指さしながら解説してくれます。屋根瓦が黒いのは醤油造りに欠かせない乳酸菌や酵母菌の影響。つまり、微生物がすみついている証拠なのです。

店舗に入ると、大きなテーブル。「まぁ、お茶でも」と勧められるままイスにかけると、近くに座っていた年配の女性から話しかけられました。聞くと、奈良県から山を越えてやってきたそうです。「へ～、それは遠くからすごいですね」と伝えると、「やっぱり、ここの醤油がおいしいのよ！」と、ニッコリ。定期的に買いに来ていて、帰りは車のトランクに醤油をたくさん入れた段ボール箱を積み込んで帰るのだと話してくれました。気づくと、周りのお客さん同士も会話が弾んでいます。ここでは自然とコミュニケーションが生まれるようです。

一服の後は蔵の中へ。仕込み蔵には木桶が並び、てこの原理で醤油を搾る圧搾機がドンと据えつけられています。巨大な木の棒の先端に錘（おもり）を吊り下げ、じわじわ醤油を搾る姿がキリンに似ていることから、その名もキリン式圧搾機（218ページ）。適度な強さで搾れるので大豆の油分が混ざらず、おいしい醤油が搾れます。伝統的な設備ながらも現役で活躍しているのは、日本中を探しても福岡醤油店だけではないでしょうか。文化庁登録有形文化財に指定されています。

さて、冒頭で紹介した看板商品の「はさめず」とは、先代の川向友宏さんが命名したもの。京都の古老から「昔は醤油のことを、箸で挟めない料理という意味で〝はさめず〟と呼んでいた」と聞いたことから、苦心して造り上げた新しい醤油を「はさめず」と名づけたのだそうです。

変わらぬ味と親しみやすさに引かれ、県内外から多くの人が訪れる福岡醤油店。きっと今日も、お客さん同士がお茶を飲みながら楽しく話し込んでいることでしょう。

はさめず

伊賀の豊かな自然の中で育まれる「はさめず」。卵かけご飯にもよく合う。

鯛めし

タイの刺し身を使った丼。卵黄と「はさめず」の甘みがピッタリ。

1. 刺し身用のタイを小さめのそぎ切りにする。薬味の大葉は細切りに
2. 卵黄と「はさめず」をよく混ぜ、タイを入れてよくなじませる
3. 温かいご飯を丼によそい、タイをのせ、すりゴマをかける
4. 大葉や刻み海苔をこんもりとのせる

鹿児島の味を守り伝える

吉永醸造店

鹿児島県鹿児島市

昭和3(1928)年創業。「ヨシビシ」の屋号で親しまれている。初代・吉永吉二が蔵を構えた西田本通りは、幕末に西郷隆盛、篤姫、坂本龍馬らも歩いたといわれる旧薩摩街道。甘口醤油をはじめ淡口醤油、ぽん酢醤油やめんつゆなどの醤油加工品、味噌を造る。店頭には創業当時から醤油と味噌のかめが並び、量り売りされている。

〒890-0046
鹿児島県鹿児島市西田
2丁目2-3
TEL：099-254-2663
www.yoshibishi.com
※見学可（要予約）

鹿児島中央駅から歩いて数分。吉永醸造店の店先には、配送用のトラックが停まっていました。配達帰りの3代目・吉永広記さんと初めて会ったのは、平成22（2010）年の冬。当時の肩書は専務でした。
「自分たちで説明できる範囲内の商売をしたいので、地元のスーパーにも卸販売をせずに、御用聞きで各家庭に配達をしています」

3代目の吉永広記さん

吉永さんが銀行勤務を経て家業に戻ってきたのは、平成15（2003）年。醤油と味噌の勉強を一から始めたそうです。
「学校給食用に醤油を運ぶときは、いっそう強くやりがいを感じます。子どもたちに地元・鹿児島の味覚を伝えたいですし、それができる立ち位置にいるわけですから」

話を聞いていると、ご近所と思われる男性が一升瓶

甘口醤油

今では珍しい店頭での量り売り

を片手に店内に入ってきました。「5合ね」と伝えながら、吉永さんに瓶を手渡します。吉永醸造店では店頭では量り売りもしているので、大きな漏斗（ろうと）と柄杓（ひしゃく）を使って、かめの中の醤油を瓶に注ぎます。

このような量り売りの光景を実際に見たのは初めてでした。5合といえば一升瓶のちょうど半分。でも、明らかに半分以上の量を入れています。私が見ていることに気づいた吉永さんは、「いいんです。これで」と笑いました。

「最近、料理店に配達に行くと、どこも人手不足に悩んでいるんです」と吉永さん。飲食店が独自にやっていた仕込み作業に人手を割けなくなり、「店で仕込むのと同じ味を再現できる商品を造ってくれないか」という依頼もあるのだそうです。このようなオーダーメイドの商品は、ある程度の製造量でないと引き受けないのが一般的。

ところが「小さな店こそ困っているから、できる限りのことをしたい。鹿児島の郷土料理である豚味噌や惣菜にも対応できるように工場内の改良を進めています。だって、お客さんから『こんなことできない？』と言われて、『うちではできない』とは言いたくないじゃないですか」

サラッとした甘さ、コクのある甘さ、まろやかな甘さなど、ひと口に〝甘さ〟といっても、複雑な特徴があるのが鹿児島の醤油。「ただ単に甘いだけの醤油ではなく、その醤油の甘みに合った、とろみ、コクのバランスがとれていることが重要です」という吉永さんの言葉に、醤油造りへの信念が見えました。

天龍

まろやかな甘みとほどよいとろみの絶妙なバランスが持ち味。いつもの醤油にブレンドして、好みの甘さにしてもよい。

卵かけご飯

ほどよいとろみがある「天龍」を使うと、卵とご飯と醤油の一体感が見事な卵かけご飯が楽しめる。まろやかな甘さもクセになるはず。

1. 温かいご飯とおいしい卵を用意する
2. 卵と醤油を混ぜてからご飯にかけるもよし、ご飯の上で卵を割って醤油をかけるもよし。好きな食べ方で楽しんで

吉村醸造

鹿児島県いちき串木野市

昭和2(1927)年創業。「サクラカネヨ」の商標で親しまれている。甘い醤油が好まれる九州でも特に甘いといわれる鹿児島にあって、比較的、甘さ控えめな甘口醤油をはじめ、濃口醤油、淡口醤油、醤油加工品、味噌、ソースなども造っている。蔵の近くには江戸時代に建てられた米蔵を改装した直販所があり、今では珍しい量り売りで醤油を店頭販売。

★

〒899-2103
鹿児島県いちき串木野市
大里3868
TEL：0996-36-3121
sakurakaneyo.com

鹿児島市内から高速道路を車で40分ほど。市来インターチェンジをおりて車を走らせると、しゃれた黒い建物が見えてきました。地元では「サクラカネヨ」の名称で親しまれている吉村醸造の工場です。

道の反対側には江戸時代からの米蔵を改装した直売所。こちらは白くて大きなのれんが印象的で、店内には30種類以上の醤油がスタイリッシュに陳列されています。瓶詰め醤油の販売のほか、醤油の量り売りや、醤油ソフトクリーム、やわらかい団子に醤油ダレをつけて焼き上げた鹿児島名物のしんこ団子も販売しています。奥のイートインスペースでは鹿児島を紹介する書籍や醤油皿などの雑貨も。棚や商品の説明書き、ディスプレーなどすべてがおしゃれで、醤油蔵の直売所とは思えない雰囲気です。

「普通の醤油屋でいたくない」とは、4代目の吉村康一郎さんの言葉。地元のスーパーマーケット勤務と調味料販売の営業マンを経て、25歳で家業に戻ったそう

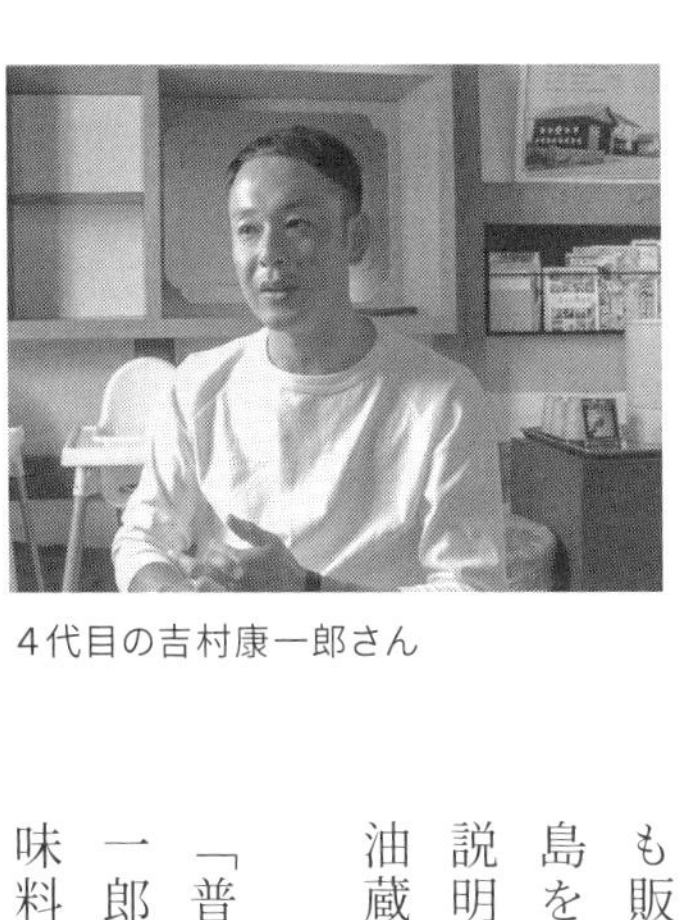

4代目の吉村康一郎さん

しゃれた店内では醤油の量り売りもしている

です。

「うちは一般のご家庭にも配達をしていて顧客は7000軒ほど。振り返ってみると、ぬるま湯の環境でした。営業の仕方ひとつとっても、ルールや仕組みが何もなかった。すべては自分の責任なのですが、まずはそこから変えたいと思いました。吉村醸造と『サクラカネヨ』というブランドを確立して、私たちの思いとともに伝えていきたい。そのためにも、ラベルの見栄えや説明の仕方などは大切だと考えています」

醤油と味噌の製造と並行して、ソースも手がけています。醤油をベースに黒酢と黒砂糖を加えた「とんかつブラック」や、パスタに活用できる「醤油蔵のパスタ醤油」などはどれも好評で、ほかに粉末醤油の「薫る粉醤油」といったアイデア商品も。そのどれも、パッケージがとてもきれいなのです。

感心して見ていると、「味噌や醤油ってすごいですよね」と吉村さんが声をかけてきました。「どれだけ食べても飽きないし、各家庭で〝超〟がつくほどの定番になっている。チャレンジするほど実感します」

「変わらない味」を大切にしながら、スピード感を持って変化と挑戦を続ける吉村醸造。イベントに出向くためのフードトラックを導入し、平成30（2018）年には鹿児島市内にレストラン兼ショップ「城山シーズニング」をオープンしました。

1年後に訪れたときには、きっとまた新しい何かが起こっている。そんな楽しみがある蔵元です。

この1本でこの料理

こいくち甘露

甘すぎずバランスよい味わい。これだけで煮物がおいしくできると関東でも人気。

肉ジャガ

甘口醤油を使えば味醂や砂糖を減らしても肉ジャガは失敗知らず。

1. シラタキを適当な長さに切り下ゆでする
2. サラダ油を熱して牛肉を炒め、食べやすい大きさに切ったジャガイモとタマネギを加える。水を加えて煮立たせる
3. シラタキを加え、「こいくち甘露」と酒、味醂、砂糖を少々入れ、10分、絹サヤを加えてさらに2分ほど煮る

職人醤油

醤油のセレクトショップ「職人醤油」では、私が日本各地を巡って出会い、ほれこんだ醤油を、すべて同じ100ミリリットルの小瓶に詰めて販売しています。小瓶のサイズは、何軒かの醤油蔵を訪ね、「家族数人で3~5回はお刺身につけて試せる最低限の量」とのアドバイスを受けて決めました。多様な味わいの醤油を多くの人に紹介し、使ってもらいたい——そのために味比べが気軽にできるようにと、たどりついたやり方です。

直営店の前橋本店と東京・松屋銀座店では、醤油の味比べもできるのでぜひ試してください。このほか、オンラインショップや各地の雑貨店などでも購入できます。ちなみに、本書で紹介したシンプルレシピはスタッフが考えてくれたもの。皆、食べることや料理が大好きで、醤油の味を生かした季節ごとのレシピを積極的に提案してくれます。

職人醤油

www.s-shoyu.com

前橋本店

〒371-0013 群馬県前橋市西片貝町5-4-8
TEL 027-225-0012 FAX 027-225-0013

松屋銀座店

〒104-8130 東京都中央区銀座3-6-1
松屋銀座 地下2階
TEL 03-3567-1211(大代表)

醤油加工品

料理に合わせて楽しむ

だし醤油、ぽん酢醤油、めんつゆや卵かけご飯専用の醤油など、好みや生活スタイルに合わせて楽しむ、醤油ベースの加工品。

！ポイント
ご飯やめんにそのままかけたり、忙しい朝のお吸い物に薄めて使うなど、手軽な煮物やあえ物にも便利。

安心して食べ続けられるものを

森田醤油

島根県仁多郡奥出雲町

明治36（1903）年創業。先祖伝来の奥出雲の清涼な湧き水を仕込みに使い、「一生食べ続けても安全なものづくり」をモットーに原料選びから一貫して自社の工場で手がけている。ダイダイ、スダチ、ユズなど柑橘類を原料にしたぽん酢醤油やだし醤油などの加工品、濃口、淡口、再仕込といった各種の醤油のほか、味噌、ドレッシングなども製造している。

〒699-1511
島根県仁多郡奥出雲町三成278
TEL：0854-54-1065
morita-syouyu.com
※見学可（要予約）

「車のチェーンは必須ですよ。でも、雪がすごくて来られるかなあ……」

そんな半分冗談で半分本気なやりとりをしていたのは、1月中旬ごろ。森田醤油のある島根県奥出雲町は、日が沈むと氷点下は当たり前で、マイナス2桁になることもあるそうです。大雪になると蔵までたどり着けないと聞き、慌てて途中の車用品店でタイヤチェーンを購入しました。

初めて訪問した当日、大雪は免れたものの、あたりは真っ白な雪景色。車道だけ雪が解けて、車が通るたびにビシャビシャと音を立てています。

「ちゃんとたどり着けましたね」と笑顔いっぱいで迎えてくれたのが、4代目の森田郁史（いくふみ）さん。フリースとダウンの重ね着姿で出迎えてくれました。

森田郁史さん（左）と息子の浩平さん

もし、年間の仕込み回数ランキングがあれば、森田醤油はかなり上位に位置すると思います。大手メーカーは年間を通して仕込みを繰り返しますが、小規模

櫂棒（かいぼう）を使って諸味（もろみ）をかき混ぜるのはかなりの重労働

の醤油蔵では寒い時期に集中して仕込みをするのが一般的です。一度の仕込みに要するのは約3日間。森田醤油はそれを年間80回以上繰り返しています。1年の半分は仕込みをしている計算。「すごいですね！」と森田さんに伝えると、「いやぁ～、室（むろ）が小さいですからね。その分、何度も何度も繰り返さなきゃいけないんですよ」と、にこやかに答えてくれました。

確かに、森田醤油の蔵の中は決して広くありません。高さ2メートル超の木桶がびっしり並べられ、搾った醤油を保管しておくタンクは2階にあったりと、限られたスペースをできる限り有効活用。その構造は、まるでからくり迷路のようです。

じっくり熟成される諸味

麹(こうじ)造りは微妙な温度の変化が麹の成長に影響を与えてしまうので、常に気が抜けません。仕込み期間中は、室の換気扇の音が聞こえるところに布団を持ち込んでいた時期もあったほど。

こうして造られた麹は木桶に運ばれ、塩水と混ぜて諸味になります。桶の上に渡された板に立ち、櫂棒を使って諸味をかき混ぜると、「ぴちゃっぴちゃっ」と心地よい音が蔵の中に響き渡ります。手作業で攪拌(かくはん)作業を行うのは、とても大変なこと。それなのに、「かつて圧縮空気での攪拌を試みたんですけどね、天井まで諸味が飛び散ってしまって、やっぱりこっちのほうがいいなって」と、あっけらかんと答えます。

仕込みに使う塩水の量(汲み水)も、一般的な蔵より少なめです。汲み水は原料の容量に対する割合で表現されます。通常の濃口醤油の場合に一般的とされる「11～13水」は、原料容量の1・1～1・3倍の塩水を使うという意味です。それが、森田醤油は10水。汲み水が少なければ高濃度の醤油がとれるわけですが、その反面、できあがる醤油の量は少なくなるわけです。

「収量は少なくなりますが、おいしくなると思うんですよ」と、森田さん。儲けを考えれば違った選択になりそうなものですが、いつも楽しそうに話をしてくれます。

〝からくり屋敷〟構造の蔵から車で数分の距離に、森田さんが将来を見据えて整え始めたもう1つの蔵があります。案内してもらい、雪をかき分けながらシャッターをガラガラと開けると、大豆が天井近くまで山積みに。それはもう圧倒されるほどの量で、とても小規模な醤油蔵のものとは思えません。「うちはすべて国産大豆を使っていま

山積みの原料はすべて国産の大豆と小麦

す。そうすると、安定的に供給される輸入大豆に比べ、作柄不良などの影響で年によっては収穫量が少なかったり出来栄えがよくなかったりと、入手できないリスクもあります。年によって国産大豆が使えないということがないよう、来年の仕込み分も考慮して多めに手元に置いているんですよ」

再び仕込み蔵に戻ってくると、とても心地よい香りが漂っていました。「ちょうど、ぽん酢醤油に使うだしを煮出しているところです」

森田さんのぽん酢醤油はとてもやさしい味わいで、そのまま飲んでしまいたいほど。原料メーカーから購入しただしのエキスなどを混ぜるメーカーが多い中、自社で昆布や鰹節から煮出すことにこだわっています。

その理由を聞くと、消費者も今ほど原材料などに敏感ではなかった十数年以上前にさかのぼって話してくれました。ある取引先から、「これからはどんな素材を使っていて、それがどこから来ているのかなど、生産者がしっかりと情報を把握していないといけない時代になるよ」と言われたとのこと。そこで試しに、当時、使っていた原材料の詳細を調べた森田さんは、鰹エキスには鰹以外にいろいろなものが含まれていることを知り、愕然としたそうです。

「そんな折、普段から蔵の中に遊びに来てきていた息子が、そのだし汁を飲もうとした。『ちょっと待て！』と、思わず止めてしまったんですよ」と森田さん。その瞬間に、ハッとしたそうです。そのときから、それまでのレシピをすべて捨てて原料を探し始めました。自分の子どもにも安心して食べ続けさせたいもの――そんな自然な流れで、だしの素材を取り寄せて自社で煮出すようになったのです。

転機となった当の息子、浩平さんが平成27（2015）年1月に家業に戻ってきました。

「もともと、無添加の加工品を扱う仕事に就きたいと思っていました。醤油屋を継ぐことはイメージしていませんでしたが、学生時代に家の手伝いに駆り出され、展示会のブースで自社の商品を来場者に説明しているうちに、携わりたかった無添加の食材がこんなに身近にあることに気づいたんです。いつかは家業に戻ろうと思っていたのですが、大学卒業後、食品宅配事業の会社に勤めてさまざまな人と出会ううちに、早く父から学びたいと思うようになりました」と話してくれました。

そんな浩平さんに、森田さんはこう話したそうです。

「〝醤油屋の息子だから継ぐ〟という理由なら、勤め人になったほうがいい。うちで働くと、3倍働いてやっと給料が勤め人と同じ。でもね、楽しさは3倍以上だよ」

この1本でこの料理

手造りぽん酢

「毎日食べ続けても安心なもの、子どもに胸を張って食べさせたいぽん酢醤油を造ろう!」をテーマに自らの足で原料を探し歩き、結果として"そのまま飲める"ほど、やさしい味わいに。

カツオのたたき

暑くなってくると、ぽん酢醤油でさっぱり食べたくなるのが、カツオのたたき。果汁分たっぷりの「手造りぽん酢」なら、さわやかな味わいで初夏から夏にピッタリのごちそうに

1. 市販のカツオのたたきを用意する
2. 「手造りぽん酢」を回しかける

多様なニーズへの対応力

山川醸造
岐阜県岐阜市

昭和18(1943)年創業。清流・長良川の伏流水を仕込み水に使い、杉桶仕込みで美濃の伝統的な溜醤油や豆味噌を醸造。それをベースにしただし醤油などの加工品を製造している。メディアでも取り上げられて話題を呼んだ「アイスクリームにかける醤油」、醤油の搾り粕を利用した「ふりかける醤油」、ムース状の「もこもこ泡醤油」などの“おもしろ醤油”も人気がある。

〒502-0047
岐阜県岐阜市長良葵町1-9
TEL：058-231-0951
www.tamariya.com
※見学可（要予約）

織田信長が造営したことで知られる岐阜城は、金華山の頂にある山城。山道を歩くかロープウエーを利用してのぼっていくと眼下に市街地が広がり、はるかに名古屋駅まで望めるほどの絶景が広がります。ふもとにある岐阜公園の駐車場には他県ナンバーの車や大型バスが停まり、いつも多くの人でにぎわっています。

そんな観光地から車で数分の距離にある山川醸造は、中部地方特有の溜醤油を手がける蔵元。大きな敷地に100本もの杉桶を抱え、主に業務用途の醤油を造ってきました。一般消費者向けの醤油は多くなかったので、近所の人からは「大きな醤油屋さんがあるけれど、ここの醤油はどこで買えるのかしら」という声が上がるほどだったといいます。

3代目の山川晃生さん

「うちは後発組なんですよ」とは、社長の山川晃生さん。創業当時は、醤油といえば酒屋などを経由し

醤油加工品

て一軒一軒の家庭に届けられたもの。「その流通の中に入ることができず、業務用途に特化していったのです」と振り返ります。

そのうち、名古屋地域の料亭やうどん屋さん、うなぎ屋さんなどの味を縁の下で支える存在になり、顧客からのさまざまなニーズが届くようになったそうです。その要請は、「もっと色の淡い醤油が欲しい」「うま味の強い醤油が欲しい」、さらには「だしと醤油をブレンドした状態で持ってきてくれると助かる」など千差万別。できる限り個別に応えられるようにと試行錯誤を続けた結果、取引先は1000社をこえるほどになりました。

しかし、時代の流れとともに取引先が一軒、また一軒と廃業。取扱量が減少傾向になり、業務用中心から一般消費者向けの販売へと舵を切ります。

山川醸造が手がけてきた溜醤油は、一般的な濃口醤油と比較すると独特な味わいのため、好き嫌いも分かれます。まずは溜醤油に注目してもらうために〝何か〟をしたい、普通のものを造っても見向きもされないからインパクトがあるものがいい――。

山川醸造には、それまでさまざまな取引先の要望に応じて溜醤油を調整してきたカ

杉の大桶を間近に見られる蔵見学ツアーにも力を入れている

スタマイズ力がありました。それを生かして生まれたのが、「アイスクリームにかける醤油」。その珍しさに多くのメディアから取り上げられ、今までとは違った顧客が増えていったのです。

あるとき山川醸造を訪問すると、一人の若いスタッフが同席してくれました。某有名子ども服メーカー勤務の後、世界放浪の旅を経て地元に戻ってきた若者で、山川醸造に入社したばかり。「どうして醤油蔵に就職しようと思ったんですか?」と質問すると、すぐに「世界を旅しているうちに、日本のよさに気づいたんです」とひとこと。そして、「いや、むしろ日本のことを全然知らなかったと痛感したんです。いろ

平成31（2019）年2月にはヤマロク醤油（132ページ参照）から新桶が到着。新桶初仕込みの見学会も開催した

いろ調べているうち、ここの杉の大桶に出会い、その光景に圧倒されました。ぜひともここで働かせてほしいと頼み込んだんです」と答えてくれました。

「でも、いざ入社してみると、何をどうしたらいいか迷ってもいるんです」と、その若者。私が、「この蔵にずらりと並ぶ杉の大桶を見て圧倒された感覚は、誰でも同じだと思いますよ」と返し、雑談しているうちに、「一般の人向けに蔵見学ツアーができたら面白そうですね」とアイデアが出てきました。

ところが、その企画案は、社内で反対意見が大勢だったそうです。理由は、「これまで蔵の中には不特定多数の部外者が入らなかった。誰かがタバコの一本でも桶の中に入れてしまったら、桶一本が丸ごとダメになってしまう。誰が責任をとるのか」というもの。職人としては、まっとうな考えだと思います。

それでも山川さんは、「確かにそのとおりだけど、若い者が考えたことだから試しにやってみよう。そのうえでどうするか考えよう」と、社内を説得。不安を抱えつつも、見学ツアーを開始することになりました。

岐阜城の近くという立地、そして地元でずっと醤油を造り続けてきた歴史とつながり。地元のホテル関係者も協力してくれて、見学ツアー開始の初日は、多くの人が訪れたそうです。その中には若い女性の集団もいて、蔵の中に入った途端、「わぁ！醤油の香りだ！」「桶ってこんなに大きいんだ！」「この桶で造っているの？　すごい！」と、気持ちのいいリアクションが蔵の中に響き渡りました。それまで、薄暗い蔵の中で黙々と醤油造りと向き合っているのが日常の風景。自分たちが当たり前だと思っていたものに感動してくれる様子を目の当たりにして、すっかり気をよくした職人たちは、今では進んで土産コーナーのレジ打ちまでしているそうです。

溜醤油の搾り粕はまるで紙のよう

山川さんいわく、「この変化が一番の収穫だった」。それからは定期的に学生インターンを迎え入れるようになり、見学ツアーも「たまりやカフェ」と題して、定期的な蔵開放の祭りに発展。蔵の中でコンサートをしたり、周辺のお菓子屋さんに醤油を使ったスイーツを作ってもらって一緒に販売したりと、地域を巻き込んだ動きに発展しています。

「若者の発想力はすごい」と山川さん。若い人たちが活躍している長良川流域の体験型イベント「長良川おんぱく」にも、蔵をあげて積極的に参加しています。プログラムの中で、和紙を漆で貼り重ねた乾漆仏として日本一の大きさを誇る正法寺の大仏の清掃が人気コンテンツになっていることを耳にすると、さっそく、味噌をかき出す作業を体験イベント化することに。自分たちにとっては当たり前で体力的にもつらい日々の作業も、初めて体験する人にとっては魅力的で思い出に残るものになると気づいたそうです。

こんなふうに、多くの人が集うようになった山川醸造。そのにぎわいに呼応するように、今では業務用途から個人用途の比率がどんどん増えてきているそうです。

漆黒

濃厚でうま味たっぷりの溜醤油をベースに、鰹節と干し椎茸のだしが溶け合うだし醤油。薄めてめんつゆにしても絶品。ピーマンの肉詰めにそのままかけてもおいしい。

絶品アボカド

店頭で「漆黒」の説明をしていると、多くの人から「あ〜、それおいしそう!」と言われるのが、このレシピ。

1. アボカドを刺し身のように切る
2. 「漆黒」をつけて食べる(好みでワサビを添えて)

国産丸大豆の天然醸造を守る

有田屋
群馬県安中市

天保3(1832)年創業。上州・安中で創業以来、昔ながらの天然醸造の製法にこだわった醤油を造り続けている。新島襄ゆかりの蔵であり、創業家は明治以来、地域のみならず日本の教育や文化にも貢献、同志社大学総長も輩出している。丸大豆仕込み天然醸造醤油、再仕込醤油などのほか、ぽん酢醤油などの加工品、卵料理用の醤油といった専門醤油も製造している。

〒379-0116
群馬県安中市安中2-4-24
TEL：027-382-2121
www.aritaya.com
※見学可（要予約）

「職人醤油」の本店がある群馬県前橋市から最も近くにある醤油蔵が、安中市にある有田屋です。「職人醤油」を始める前から訪問し、醤油の基礎知識や醤油業界のことなど多くを教えてもらいました。私が初めてNHKの取材を受けたときも、有田屋が舞台。番組では、諸味（もろみ）の状態や蔵を訪問する様子が放映されました。

そうした折にお世話になるのは、いつも穏やかで気品あふれる雰囲気を持つ7代目の湯浅康毅さん。醤油業界ナンバーワンの紳士といえるかもしれません。ほとんどの蔵元さんは、私を「万太郎さん」とか「万ちゃん」など名前で呼んでくれることが多いのですが、湯浅さんは一貫して「高橋さん」。こんなところにも、紳士的な人柄が表れているように感じます。

7代目の湯浅康毅さん

湯浅さんは、180年の歴史を持つ醤油蔵の当主でありながら、地元にある教育機関・新島学園の理事長も務めています。安中市は、同志社大学の創立者としても知られる新島襄の出身地。有田屋の3代目・湯浅治郎氏は彼に師事し、

仕込みに使う丸大豆をまいたら……

キリスト教の洗礼を受けました。そして5代目の正次氏が、同志とともに新島の精神を建学の基盤にしている新島学園を設立したのだそうです。

蔵と事務所の間にある花壇には、枝豆が植えられています。「仕込みに使う国産の丸大豆を何粒かまいたんです」と湯浅さん。

「遺伝子組み換えの大豆」は土に植えてもほぼ発芽しません。原料管理の状態が悪いと、国産の丸大豆といえども同様。元気な枝豆は、生きている材料を使っている証しでもあります。

「土に植えれば芽が出てくる。わかりやすいじゃないですか。スタッフにもお客さまにも、〝うちはこのような原材料を使っている〟という説明になるでしょう。そうしたら、枝豆と大豆が同じものだとご存じない方が結構いて、そのことに驚いているんですよ！」と笑います。

醤油醸造業に限らず、明治から大正、昭和の3代にわたり、教育、社会、文化を通して地域に貢献している有田屋。その独特の立ち位置を表している言葉があります。「一年の計には穀を植え、十年の計には木を植え、百年の計にはすべからく人材を養え」これは、新島襄が明治21（1888）年に「同志社大学設立の旨意」として発表した文章に引用され、新島学園の教育理念にもうたわれている格言です。この壮大で深い意味合いは、人材育成のみならず、国産丸大豆を使った天然醸造醤油を守り続けている有田屋の醤油造りにも共通しているように感じるのです。

バタめししょうゆ

「バターは動物性脂肪だから、魚介系のだしを使った醤油は合わないと思う」という湯浅社長が、一族に代々愛されてきた独自のレシピを商品化。

バター醤油ご飯

温かいご飯の上でとろけるバターに「バタめししょうゆ」をかけて、ガーッとかき混ぜる。古きよき食卓の香り。

1. アツアツご飯の上にバターをのせる。無塩バターより有塩バターがおすすめ
2. バターがトロリと溶けてきたら、「バタめししょうゆ」をひと回し。混ぜ加減はお好みで

〝特徴がない〟のが貴重な特徴

遠藤醤油
滋賀県守山市

　大正6（1917）年創業。初代・遠藤駒太郎が野洲川の豊富な伏流水と、近隣で収穫された良質な大豆、小麦を用いて醤油醸造業を始める。杉の木桶のある仕込み蔵は創業当時のまま残る。地元・守山産の丸大豆と小麦を使った濃口本醸造醤油「琵琶のしずく」、淡口、再仕込のほか、ぽん酢醤油、だし醤油といった加工品など、あらゆる醤油を製造している。

〒524-0003
滋賀県守山市中町162
TEL：077-582-2125
www.endo-shoyu.co.jp
※見学可（要予約）

電話をすると、娘さんがすぐに私だと気づいてくれて、「おじいちゃんに代わりますね」と取り次いでくれます。60年以上醤油造りひと筋、80歳を過ぎた今も生き生きと現場に立つ遠藤善和さん(右ページ)。それなのに、「うちの醤油は特徴がないからなぁ……」と言うのがいつもの口癖です。蔵の中に入ると30石(約5400リットル)の木桶が30本以上、現役で活躍しています。これだけでも立派な特徴です。伝統的な木桶仕込みが残っていることを、もっともっと自慢していいはずなのに、「まだまだ毎日が勉強ですよ」と、ただほほえんでいます。

毎朝4時からのウオーキングを欠かさないという遠藤さん。子どものころはとにかく体が弱くて、持久走大会でも「ダントツのビリだった」といいます。ときには、先生の自転車に乗せられてゴールすることもあったとか。

それが、昭和31(1956)年に養子に入り、醤油造りの現場仕事の毎日を過ごします。現代のような機械設備がない時代。原料を運ぶのも混ぜるのも人力です。「昔は4石(約600キログラム)の麹(こうじ)を仕込むのに8人がかり。炭をたいて温度調整をしていたから、ちょっとでも気を抜くと一酸化炭素中毒になっちゃう。だから、

100年近い歴史を持つ蔵

2人組でお互いに声をかけ合いながら麹の世話をしていたものですよ」

先代が脳出血で倒れたのは、養子に入った遠藤さんが3代目を継承して2年後のこと。それからは毎日、枕元に通って、先代が書いた醤油造りについて綴った5冊の帳面を片手に醤油造りのコツを教わり、ひたすら試行錯誤の毎日を過ごしていたそうです。

「でも、お金がなかったからなぁ……」と遠き日を思い、つぶやく遠藤さん。当時は販売競争も熾烈(しれつ)を極めていた時代。顧客宅の軒下に置かれていた醤油を勝手に返品して、自社の醤油を販売するような業者もいたそうです。

「うちはそこまではしなかったけれど、養子で入った意地があったから、こんなところで根絶やしにしてたまるかと、ときにはけんかもしたよ」と、今の温和な表情からは想像もつかないエピソードが次々と出てきます。近隣の住宅地図をもらい、一軒一軒回っていた日々。「全部の家に行くんだ。自分がこの蔵をつぶすわけにはいかない」。その意地が、疲れても足を進めたと振り返ります。

数年前、多くの同級生が定年退職を迎えたタイミングで同窓会が開かれたときのこと。友人たちがイスから「ヨイショ！」と立ち上がる中、ダントツに体力があり元気だったのは、子どものころに誰よりも体力がなかった遠藤さんだったのだとか。

この様子だと、友人たちの引退を尻目に、現場仕事から引退するのはまだまだ先になりそうです。

おつけもん

杉の木桶で長期熟成した本醸造醤油をベースに、鰹節と昆布エキス、味醂をバランスよく加えたこだわりのかけ醤油。食卓のかけ醤油にも。

浅漬け

季節の野菜を使って、手軽においしい浅漬けを。「おつけもん」はだしがきいているので、簡単なのに味わいある漬物になる。好みでショウガやタカノツメを加えてみて。

1. 好みの野菜を食べやすい大きさに切る
2. ビニール袋に野菜と「おつけもん」を入れ、手でもんで15分ほど置く

派手さはなくても丁寧な仕事

佐々長醸造

岩手県花巻市

明治39(1906)年、初代・佐々木長助が酒造業の経営に参加。大正15(1926)年から醤油と味噌の醸造を始める。日本百名山の一つ、早池峰山の山麓に湧き出すミネラル豊富な地下水「早池峰霊水」を仕込みに使用。直営店ではこのミネラルウオーターも販売している。濃口、淡口、再仕込など各種の醤油をはじめ、無添加のつゆなど加工品を製造している。

〒028-0114
岩手県花巻市東和町土沢
5-417
TEL：0198-42-2311
www.sasachou.co.jp
※見学可（要予約）

蔵の近くには豊かな棚田の風景が広がる

岩手県花巻市は、宮沢賢治生誕の地。佐々長醸造を初めて訪問したときも、「イーハトーブはこんな場所なのかもしれない」と思うほど彼方に地平線を見通せる穏やかな風景の中、ひたすら車を走らせていた記憶があります。

途中、車を停めて美しい棚田が広がる景色を写真に撮ったりしながら進むと、少しにぎわいのある地域にたどり着きました。大きな丁字路の交差点。正面に佐々長醸造の店舗があります。その奥には大きな煙突のある工場が続いており、さらに道を隔てた奥の敷地も工場。かなり広大な印象を受けました。

店舗に入ると、壁一面に醤油がずらり。今や珍しい一升瓶や1・8リットルサイズのペットボトルも健在です。ほかにも醤油や味噌を使ったかりんとうやせんべいといったお菓子なども充実していて、醤油屋とは思えないほどに立派な店内。

醤油加工品

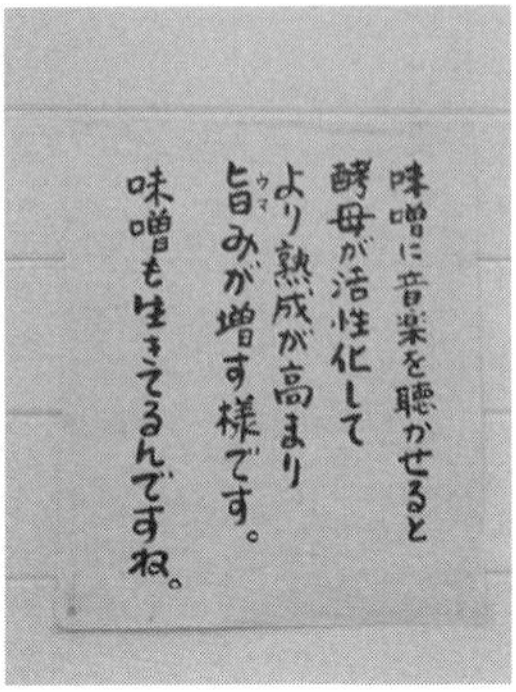

味噌蔵には手書きの張り紙が

その一角から、チョロチョロと水の流れる音が聞こえてきます。湧き水です。

「どうして店内にこんなものが?」と思って見回すと、専用コーナーが作られ、説明書きには「早池峰霊水」と記されています。

早池峰山は、岩手県屈指の高峰。海底プレートの隆起によってできた標高１９１７メートルの山で、この一帯の雪解け水が地下に浸透し、厚い蛇紋岩層を４００年の歳月をかけて自然濾過された水が、早池峰霊水です。マグネシウムの含有率が日本一高いそうで、佐々長醸造では仕込みに使うほか、水そのものも販売しています。

そのまま工場の中を案内してもらうと、ちょうど、味噌の出荷作業の真っ最中。仕込み桶が並ぶ部屋の扉を開けると、中から聞き覚えのある音楽が流れてきます。のぞくと、蔵内にはクラシック音楽が大音量で流れています。なんと、中の味噌は、ベートーベンの交響曲第六番「田園」を聴きながら育っているのです。

そんな佐々長醸造の人気商品である「つゆ」の原材料表示は、「醤油、砂糖、かつお削りぶし、食塩、味醂」とシンプル。エキスになっただしを買い入れるメーカーが多い中、鰹節から自社で煮出しているのです。

「あら、おいしい！」

「職人醤油」の店頭でこのつゆを試食してもらうと、お客さんが一様に発する声と笑みをたたえた表情。それが、真面目に造られたつゆの味わいを物語っている気がします。

派手さはないけれど、丁寧な仕事。そんな印象を抱かせてくれる蔵元です。

つゆ

醤油の味と、しっかりした鰹だしの風味が際立つ、老舗ならではの濃縮タイプ。

そば

おいしさの固まりのような「つゆ」がシンプルなゆでたてのそばの味わいを引き立てる。

1. そばはたっぷりの湯で表示どおりにゆで、流水でよくもみ洗いして水気を切る
2. 「つゆ」を4～5倍の水で薄める
3. そばを器に盛り、ネギやワサビなど好みの薬味を添える

素材を生かす醤油造り

上ホ醤油

茨城県筑西市

明治6(1873)年創業。初代・保坂源太が保坂商店として醤油醸造を始め、現在の6代目に至るまで醤油ひと筋に力を注いでいる。初代の名をとった昔ながらの製法の丸大豆醤油「源太」、茨城県産丸大豆と小麦を使った再仕込醤油「三年熟成」をはじめ、塩分控えめの醤油やだし醤油、つゆなどの加工品を製造する。

〒308-0001
茨城県筑西市樋口303
TEL：0296-22-7575
※見学可（要予約）

受話器を置いた途端、「職人醤油」のスタッフから「今の電話、○○さんでしたね！」と、こんな調子で誰と話していたのかを当てられてしまうことがあります。そうした蔵元はいくつかあるのですが、中でも上ホ醤油が相手だと百発百中。おかみさんの底抜けに明るい話し口調につられ、こちらも調子よく話しているのか、受話器から笑い声が漏れ聞こえているのか、とにかく毎回当てられてしまいます。

6代目の保坂正孝さん

初めての訪問は、醤油について調べ始めた10年以上前のこと。4日ほどかけて、茨城県内の醤油蔵を飛び込み訪問で回っていました。上ホ醤油はホームページがないので事前情報もなく、近くの「道の駅」で情報を仕入れてその足で向かったことを覚えています。線路を渡ると蔵を案内する看板があって、少し傾斜のきつい坂道をのぼっていくと大きな敷地が広がり、事務所と土蔵が並んでいました。

快く迎えてくれたご主人の保坂正孝さんは、

醤油加工品

醤油製造の最終工程である「火入れ」は
この二重釜を使い「湯せん」でする

昔のラベルなどを広げながら茨城弁交じりで説明してくれました。

群馬県と茨城県はさほど距離は離れていませんが、茨城弁はイントネーションに特徴があります。文末が尻上がり気味なので、聞いていると、頭の中で〝今の言葉はこの意味だよな〟と確認をしながらの会話になっているような気がします。

初対面のときも、おかみさんはとにかく元気。「どうぞ、どうぞ」とお茶を勧めてくれました。帰りにはイチゴを持たせてくれて、またあるときは「ぜひ食べさせたいから」と魚の干物を買いに走ってくれたこともあります。

茨城弁のご主人と底抜けに明るいおかみさん。本当にいいご夫婦だなと、会うたびに感じます。

上ホ醤油には、「卵に醤油」という人気商品があります。鰹だしをベースにした卵かけご飯の専用醤油です。見た目とネーミングのわかりやすさから、「職人醤油」の卸販売先でも安定の人気ぶり。聞くと、上ホ醤油の近隣の養鶏農家からも、「これで食べるとうちの卵がおいしくなる」と仕入れにやってくるそうです。

「塩分や醤油感が前に出すぎず、卵を生かすことが大切だと思っているんですよ」とは保坂さんの言葉ですが、そのために、品質を安定させる火入れの工程は、なんとチョコレートを溶かすときのように「湯せん」でしています。

じっくりゆっくり、そして明るく楽しく。ここの醤油には、ご夫婦の人柄まで溶け込んでいるように感じるのです。

卵に醤油

鰹だしベースの卵かけご飯専用醤油。ゆで卵にかけるとパサパサ感がなくなり、いちだんとおいしくなるので試してみる価値あり。

卵かけご飯

とっておきの醤油を使う場面として、刺し身と並んで挙げられる卵かけご飯。おいしい卵と「卵に醤油」があれば、これほどのぜいたくはない。

1. 温かいご飯を器に盛り、生卵を落とす
2. 「卵に醤油」をひと回し

橋本醤油

熊本県熊本市

大正8(1919)年創業。濃口や淡口、だし醤油やぽん酢醤油などの加工品、味噌、甘酒などの製造販売を手がける。日本で最初に卵かけご飯用の醤油「玉子ごはん専用昆布醤油」を開発。平成26(2014)年に稼働した新工場は風が流れる構造で、雑菌の繁殖を防ぐためにドライ状態を保つ工夫が随所にちりばめられている。

〒861-5535
熊本県熊本市北区貢町780-7
(フードパル熊本貢地区)
TEL:096-288-0811
www.hashimoto-shoyu.com
※見学可(要予約)

卵かけご飯専用の醤油は、とにかく人気です。生卵が苦手という人もいますが、ホカホカの卵かけご飯を食べることを想像するだけでテンションを高くする人の割合は、かなり多いのではないでしょうか。

醤油をベースにだし汁で味つけをしたものがほとんどですが、だしは地域によって鰹節だったり昆布だったりと、個性はさまざま。醤油とだしを混ぜるだけだから簡単だろうと、手がけるメーカーは多いのですが、長年にわたって一般消費者から支持され続けているものは意外と少ないように感じます。

4代目の橋本和彦さん

熊本市の橋本醤油は、そんな卵かけご飯専用醤油の先駆け。生みの親としても知られる社長の橋本和彦さんは、大きな声で話し、豪快に笑う「肥後もっこす」です。

橋本さんが、ご子息の通う小学校のＰＴＡ役員を務めていたときのこと。子どもたちに声をかけているうちに、元気のない子どもたちに共通しているの

醤油加工品

は朝食を食べていないことだと気づいたそうです。醤油・味噌の造り手としても、朝の食卓に醤油や味噌汁が登場する機会が少なくなっていると感じてはいたものの、朝食を食べない子どもがいることを知り、「これはなんとかしなければ」と動き出した橋本さん。親に訴えたところであまり効果はないだろうと考え、「よし、それなら子どもから〝朝ご飯を食べたい！〟と言うようにしよう」と発想を変えます。

そこで思いついたのが、「卵かけご飯」というわけです。

さっそく試作したものに事務所のパソコンで作ったラベルを貼り、仲間に配ってみると、「これはおいしい！　もっとちょうだい！」と大好評。「これはいける！」と感じ、さらなる試行錯誤に突入していきます。

「味の決め手は香り。それも、口に入れたときの香りで、食品の味の8割は決まる」と、理想の味と香りを求めての挑戦が始まりました。

「どんなところに苦労しましたか？」と質問すると、橋本さんは「甘みですね」と即答。よい香りを求めるための「しょっぱさと甘み」のバランス調整が難しかったそうです。塩分が低すぎると雑菌が繁殖してしまうので、ある程度の塩分量が必要になるのですが、それにつり合うように甘さを増やしていくと、今度はご飯の邪魔をしてしまう。「2杯目のご飯が食べたくなるおいしさを目標にしていたのですが、そのちょうどよい加減がなかなか見つからなかったんです」

こうした暗中模索を経てたどり着いたのが、オリゴ糖のやさしい甘さ。味わいのまとめ役を昆布のうま味に託すことで、ようやく完成に至りました。

一番は、子どもたちのため――。「玉子ごはん専用」の高い人気の秘密は、橋本さんの強い思いのたまものなのだろうと感じています。

玉子ごはん専用昆布醤油

「2杯目のご飯を食べたくなる」を絶対基準に香りと甘みのバランスをとことんまで追求。子どもから大人まで好きな味。

卵かけご飯

たかが卵かけご飯、されど卵かけご飯。醤油が変われば味わいもガラリと変わる。「これだけなめても、卵かけご飯を食べているみたい！」というリピーターが多い「玉子ごはん専用昆布醤油」なら、格別の一膳に。

1. 温かいご飯を器に盛り、生卵を落とす
2. 「玉子ごはん専用昆布醤油」をひと回し

おわりに

「大手メーカーの醤油はだめな醤油で、昔ながらの醤油はいい醤油」と耳にすることがありますが、そんなことは全くないと思います。現代のうま味にあふれた醤油が造れるのは、大手メーカーの長年の研究開発があってこそ。海外での醤油の認知度の高さも、その営業努力による部分が大きいはずです。

一方で、地域には独特の食文化があって、個性的な醤油があふれています。九州出身の人に「どうして九州の醤油は甘いの？」と尋ねると、逆に「なぜ関東の醤油は辛いの？」と質問が返ってくるでしょう。目の前の人たちがおいしいと思う醤油を造る――。それぞれの地域、その時代の職人たちの試行錯誤の積み重ねがあって、今に生きる私たちがおいしいと感じる味わいになっているのだと思うのです。

大手メーカーと地方の小規模な蔵元と、どこかに線を引いて区別するのではなく、多様性があることも醤油の魅力の一つ。「醤油なんてどれも一緒」と言わずに、使い比べると食卓がもっと楽しくなっていくはずです。

最後に、十数年間におよぶ私のアポなし訪問を、怪訝な顔をしながらも迎え入れてくれた醤油蔵の皆さんに御礼を申し上げます。「儲からない業界だからやめておいたほうがいい。若いんだから」と、笑いながら優しくいろいろと教えてくれた皆さんとの出会いがなければ、醤油のセレクトショップ「職人醤油」を立ち上げることも、この本を執筆することもできなかったでしょう。そして、締め切りに追われる私を辛抱強くサポートしてくれた「かもめの本棚」編集部の白田敦子さん、「職人醤油」のスタッフとかかわるすべての人に感謝します。

本書を読んで気になった蔵や使ってみたい醤油があれば、「職人醤油」の店やオンラインショップをのぞいてみてください。小瓶で試して気に入った醤油があれば、次は大瓶を求めて直接蔵元へ問い合わせをしてみてください。「おいしかった」というひとことも添えていただきながら。

高橋万太郎（たかはし・まんたろう）
１９８０年群馬県生まれ。立命館大学卒業後、㈱キーエンスにて精密光学機器の営業に従事し２００６年に退職。伝統産業や地域産業の魅力を追求していきたいとの思いから、１８０度転身して２００７年に㈱伝統デザイン工房を設立する。現在は、蔵元仕込みの醤油を「気軽に味比べして味わいの違いを楽しみ、醤油の奥深い世界への入り口にしてほしい」と、１００ミリリットルの小瓶で販売する「職人醤油」を運営。自らも軽トラックを駆って、まだ見ぬ敬愛すべき職人とおいしい醤油を求め、全国の醤油蔵を訪ね歩いている。

【職人醤油】
www.s-shoyu.com

この本は、WEBマガジン『かもめの本棚』に連載した「にっぽん醤油蔵めぐり」に加筆をしてまとめたものです。
※写真はすべて著者提供

にっぽん醤油蔵めぐり

2019年5月30日　第1刷発行
2021年7月27日　第2刷発行

著　者　高橋万太郎

発行者　原田邦彦

発行所　東海教育研究所
〒160-0023　東京都新宿区西新宿7-4-3　升本ビル
電話 03-3227-3700　ファクス 03-3227-3701
eigyo@tokaiedu.co.jp

印刷・製本　株式会社シナノパブリッシングプレス

装丁・本文デザイン　稲葉奏子

編集協力　齋藤　普

ISBN978-4-924523-04-3　C0077